火灾统计的时空分析方法及其应用

徐波　王振波◎著

科学技术文献出版社
SCIENTIFIC AND TECHNICAL DOCUMENTATION PRESS
·北京·

图书在版编目（CIP）数据

火灾统计的时空分析方法及其应用 / 徐波，王振波著. —北京：科学技术文献出版社，2023. 10
ISBN 978-7-5189-6722-3

Ⅰ . ①火⋯ Ⅱ . ①徐⋯ ②王⋯ Ⅲ . ①火灾—统计分析 Ⅳ . ① X928.7

中国版本图书馆 CIP 数据核字（2020）第 077014 号

火灾统计的时空分析方法及其应用

策划编辑：刘 伶　　责任编辑：赵 斌　　责任校对：王瑞瑞　　责任出版：张志平

出 版 者　科学技术文献出版社
地　　址　北京市复兴路15号　邮编 100038
编 务 部　（010）58882938，58882087（传真）
发 行 部　（010）58882868，58882870（传真）
邮 购 部　（010）58882873
官方网址　www.stdp.com.cn
发 行 者　科学技术文献出版社发行　全国各地新华书店经销
印 刷 者　北京厚诚则铭印刷科技有限公司
版　　次　2023 年 10 月第 1 版　2023 年 10 月第 1 次印刷
开　　本　710 × 1000　1/16
字　　数　189千
印　　张　11.75
书　　号　ISBN 978-7-5189-6722-3
定　　价　48.00元

前　言

在火灾统计分析方法上，多采用传统的分类统计法，如分地区、分月季、分起火场所、分行业类别、分经济类型、分起火原因、分消防监督管理类别、分建筑类别等进行分类统计。此外，对每日火灾情况、火灾 24 小时分布情况、人员死亡火灾分地区情况 / 分月季情况均有统计，春节、国庆期间的火灾数据，相关部门也会统计发布。在此基础上，还会进行同比、环比等简单的对比分析。这些统计数据及分析，有助于我们了解我国火灾的概况，能够得出火灾起数、火灾伤亡率、地区火灾情况、季节火灾情况等直观分析结果。

“天干物燥，小心火烛”，说明干旱的季节易发火灾；闹市区与荒郊野外，相同过火面积的火灾，其火灾损失大小有显著差别。这些都说明火灾受社会、经济、环境、组织等诸多因素的影响，特别是经济因素、气候因素对火灾数据影响很大。众所周知，经济因子、气候因子与地理空间具有紧密联系，火灾数据也应具有鲜明的空间特征。传统的火灾统计分析方法不能揭示火灾与经济因子、气候因子、空间分布之间的关系，具有很大的局限性。

本书运用计量地理学和数学分析方法，通过建立火灾地理模型和火灾时空面板数据模型，定量分析火灾统计数据与地理要素之间的关系，模拟中国火灾态势的时空演化过程，揭示经济发展、气候变化、地理分布对火灾态势变化的影响，从而为火灾统计与监测预警提供科学依据。

本书使用的计量地理学和数学分析方法有主成分分析法、空间自相关分析法、空间聚集分析法、时间序列趋势分析法、相关性分析法、分形理论研究法、R/S 分析法，以及基于时间序列数据模型和时空面板数据模型的 Granger 因果检验法、向量自回归（VAR）模型、向量误差修正（VEC）模型、空间动态面板数据模型、协整理论、脉冲响应理论、方差分解法等方法，发现中国火灾存在地域分异及Kuznets效应，提出了适宜中国的火灾区划，阐明了经济发展及气候变化对火灾态势变化的影响。

本书既可供消防科研人员借鉴，也可供地理学、气候学、区域经济学、环境学等领域的科研工作者参考。对于不具有计量地理学或数学分析方法知识背景的学者，结合本书所述内容，在短时间内对相关方法也可以有基本的了解。

本书引用了很多学者的研究成果，笔者对这些学者表示崇高的敬意和衷心的感谢！

目　录

第一章　火灾统计分析与空间相关

1.1　火灾影响因素的复杂性

1.1.1　社会经济因子对火灾的影响

Hawley（1986）定义人—生态系统由人口、环境、技术、组织等因素组成，所有这些组成元素都可能对火灾产生影响。火灾是在时空环境下失去控制的燃烧，这表明火灾与人、周边环境、火灾防控能力等都密切相关。技术进步可以改变人们的生活习惯，从而大幅提高火灾安全水平。例如，城市家庭使用天然气、煤气等生火煮饭，与几十年前使用秸秆、木柴生火相比，火灾隐患大大降低；使用日光灯照明，与使用蜡烛、煤油灯等照明相比，也会大幅减少着火的机会。现代政府大都成立了公共消防组织，虽然各国制度、模式不同，但均会担负城市火灾安全管理或灭火救援任务；我国还有企业内部的专职消防队或火灾安全负责人，以及个人义务组建的消防队等多种形式的消防组织，这些组织措施和组织机构对火灾安全有着重要意义。此外，社会经济因素对火灾也具有重大影响，Jennings（1999）总结了前人研究火灾所选择的变量和方法，如表 1-1 所示。

表 1-1　火灾相关社会经济因子

作者	因变量	1	2	3	4	5	6	7	8	9	10	11	12	13
Simon 等（1943）	火灾风险	○	○	○	○									

续表

作者	因变量	1	2	3	4	5	6	7	8	9	10	11	12	13
Scott（1972）	火灾风险			■	■	○	■							
Hitzhusen（1972）	人均火灾损失	■							■	○	■			
Syron（1972）	火灾损失			■			○	■	○					
Getz（1979）	火灾发生率			○	○	○				○			○	○
Schaenman（1977）	火灾发生率	○			○	○	○	■				■	○	■
Karter 等（1977）	火灾发生率				■	■	■					■		■
Waters（1977）	火灾发生率	■	○											○
Munson 等（1977）	火灾发生率			■					■					■
Donnell（1980）	火灾发生率		○	○	○	■	○	○				○		■
Goodhart（1982）	火灾发生率	■				■	■	■						
Chandler（1982）	火灾损失			■	○		■		○		○	○	○	■
Southwick 等（1985）	火灾发生率								○					■
Fenner（1990）	火警量	■	○	○	○	○	○	■	■			○	■	■
Goetz（1991）	纵火率	○			■	■								○
Duncombe（1991）	火灾发生率	■	○						■	■				○

注：1 为建筑年代，2 为平均租金，3 为居住区百分比，4 为人均屋间数，5 为空置比，6 为自住比，7 为教育程度，8 为人口密度，9 为商业建筑百分比，10 为外籍人口百分比，11 为家庭稳定性，12 为 65 岁以上人口百分比，13 为贫困线下比例，○为包括的变量，■为显著的变量。

可见，早在 1943 年，Simon 等（1943）就研究了火灾与社会经济因素之间的关系，他们统计了建筑年代、平均租金等变量，发现建筑年代越久、平均租金越低，则火灾风险越高。大多数研究者都把火灾发生率作为因变量，自变量则包括建筑物属性（包括建筑年代、平均租金、居住区百分比、人均屋间数、空置比、自主比、商业建筑百分比等），以及人口属性（包括教育程度、人口密度、外籍人口百分比、家庭稳定性、65 岁以上人口百分比、贫困线下比例等）。这些因子均是对某个城市或区域的建筑物或居住者属性，通过相关性分析或回归分析，得出火灾与某一类因子变化的关系。例如，Karter 等（1977）对 5 个社区的人均屋间数等 5 个变量与火灾发生率进行相关性分析，发现贫穷和家庭稳定性对火灾的相关度最高，然后根据这两个变量把整个城市分为“高风险区”和“低风险区”；Donnell（1980）对纽约的 61 个社区进行分析，主要研究城市的低收入区域，发现建筑火灾与建筑遗弃数、贫困人口正相关，与中等家庭收入负相关；Schaenman（1977）发现贫穷导致火灾危险上升；Gunther（1982）发现居民收入升高时火灾发生率显著下降。

美国国家消防局（USFA），1997 年的一份报告指出，城市居民的邻里关系、家庭条件和教育程度等因素对火灾风险有较大影响。澳大利亚消防局（AFAC，2005）的一项研究发现，社会经济低迷、消防设施不完善会导致火灾风险上升，研究还指出，吸烟和酗酒对火灾的影响程度要高于老人、儿童比例及种族背景对火灾的影响。Smith 等（2008）对英国 2002—2004 年的火灾进行研究，发现单亲和失业者家庭火灾风险较高。Duncanson 等（2002）发现火灾形势随着经济的发展而趋于缓和。

不同的研究者得出了基本相同的结论（Schaenman，1977；Scott，1972；Hitzhusen，1972；Getz，1979；Goodhart，1982；Southwick et al.，1985；Duncombe，1991；William，1991；Rodrick，1991）：对于家庭而言，认为家庭收入越高、受教育程度越高，发生火灾的风险就越低，而贫穷会导致高的火灾风险；对于城市而言，经济越发达，火灾发生率就越低，经济落后，发生的火灾就多。

值得注意的是，Murrey 等（1987）曾用州际的截面数据进行研究，发现暴力和财产犯罪率、离婚率、人口密度、城市化率、失业率和企业倒闭等社会经济宏观因子对火灾起数影响显著。Fahy 等（1989）对美国 50 个大城市的研究发现，贫穷与高的火灾死亡率密切相关。这提示火灾不但在微观上受建筑物特性、居住者素质等因素的直接影响，在宏观上也受整个社会经济大环境的影响。

国内的研究者则大多基于省域数据进行研究。杨立中等（2003）分析了 1998—2001 年的省域火灾与经济数据，吴松荣（2006）针对 1997—2004 年中国不同省份的火灾形势与经济发展水平，彭青松等（2006）对 1998—2004 年的火灾发生率、火灾死亡率和人均国民生产总值、大专以上人口比例数据进行分析，得出相同的结论：大部分地区的火灾发生率随着经济的发展而增大，上海的火灾发生率已越过了“最高峰”而具有明显趋于好转的特征，北京、天津正处于“最高峰”，预计未来将趋于好转。吴卢荣等（2007）对中国 31 个省份的 4 项火灾指标与 11 项社会经济因子进行了相关性分析，发现随着时间的推移，火灾起数、火灾直接损失与社会经济各因素呈正相关，火灾死伤人数与社会经济各因素呈负相关，火灾发生率与社会经济各因素呈正相关，火灾死人率、火灾伤人率、火灾损失率与社会经济各因素呈负相关，火灾发生率与人均 GDP 呈正相关，火灾损失率与人均 GDP 呈负相关。陈帅等（2009）对 2005 年的火灾、经济数据进行分析，结果表明：火灾与各省份的经济水平呈正线性关系，即经济越发达，发生火灾的起数越多，直接损失越大；个体经营从业人数和个体经营户数是造成火灾多发和损失大的关键因素。杨巧红等（2006）对 2000—2002 年中国 27 个省份的火灾、社会经济数据进行分析，也发现个体及私营企业数及其从业人数与火灾的发生关系最为密切。颜向农等（2007）对 1996—2004 年全国火灾发生起数和相关经济数据进行灰色关联度分析，发现关联度最高的社会经济因子依次是个体与私营企业从业人数、人均国内生产总值、人均收入。杨玉胜等（2006）选取 2002 年人均国民生产总值、人口密度、大专以上人口比例等 3 个社会经济因素，与火灾发生率进行灰色关联度分析，结果表明：教育程度越高、经济越发达、人口密度越大的地区，火灾的发生率越高。李树等（2005）对 1950—2002 年我国的火灾情况进行分析，发现火灾损失与 GDP 呈正相关关系，与人均收入的关系不能确定，第三产业的火灾发生率最高，第二产业的直接经济损失最大。崔蔚等（2006）对 1997—2001 年江苏省火灾数据和社会经济参数进行分析，发现江苏省经济水平的提高对火灾形势有着强烈的向下抑制作用，这与前面国内几位学者的结论有所不同，可能是由于数据时段太短，并且江苏省经济发达不具有代表性所致。

此外，张文辉（2007）在其博士论文《转型期城市区域重大火灾风险认知、评估和防范的宏观研究》中提到，当前我国经济正处在一个转型期，重大火灾风险宏观意义上属于走向工业社会时代的社会灾害风险，具有社会属性，并具有相应的结构性、体制性的特点，对重大火灾风险的认识亟待宏观化、系统化、战略化。他对人口转移、产业转型、经济转制、能源转变、火灾惯性等宏观环境变化进行分析，研究这些因素对火灾时序结构、空间结构、损失等的宏观影响，提出应从宏观层面进行火灾风险防范，优化城市人口、产业、能源、市场化等的空间结构水平，提高其时序结构安全水平。

综上所述，国内学者与国外学者的研究成果存在一定的矛盾之处，前者认为经济越发达火灾越严重，而后者认为经济水平越高火灾风险越低。这一方面可能是由于中国尚处于发展中阶段，而欧美等国已经是发达国家，两者处于不同的发展阶段，从而具有不同的火灾—经济关系；另一方面可能是由于国内学者研究数据时段大多在 2004 年以前，正是转型期社会经济发展的关键时期，各种矛盾集中凸现，从而造成火灾与经济发展同步递增的现象。自 2002 年以来，随着“以人为本”“和谐社会”等施政理念深入人心，同时不断有官员因重大火灾问责而落马，火灾监管防控和应急处置力量不断加强，火灾安全宣传也时常出现在街头巷尾，火灾的发展趋势应该有所缓和。

另外，有关火灾宏观层面的研究还不多。正如张文辉（2007）指出的那样，国内外既有的有关城市火灾风险研究主要针对城市中的单一要素，面向多种要素集成的宏观性、整体性城市区域火灾风险研究尚处于起步阶段，社会经济视角下的城市火灾风险研究的宏观理论和方法更是处于空白状态。

1.1.2　气候因子对火灾的影响

有关气候因子对森林火灾影响的研究文献较多，大多认为气候变暖会提高林火频率、延长防火季、扩大林火分布地区。在亚马孙和印度尼西亚，高温天气使得降雨减少、湿度降低，从而增大了森林火灾频率（Hoffmann et al.，2003）。在温室效应、厄尔尼诺现象的作用下，澳大利亚森林火险指数发生变化，日最小湿度是受影响最大的气象参数（Williams et al.，1999）。在气候变暖和 CO_2 浓度升高的联合作用下，美国西部将发生更频繁和更猛烈的森林火灾（Donald et al.，2004）。气候异常同样使得俄罗斯原始森林的火灾增加（Mollicone et al.，2006）。加拿大的森林过火面积在 21 世纪末可能增加 74% ~ 118%（Flannigan et al.，2005）。在芬兰南部年防火期现在是 60 ~ 100 天，21 世纪末将增加到 96 ~ 160 天，整个国家的年火灾频率将增加 20%（Antti et al.，2010）。

我国也有学者对气候变化对森林火灾的影响进行了研究。聂玉藻（2005）以北京房山为例，分析了林火与气象因子之间的关系，认为影响林火发生的主要因子是湿度，降水是控制因子，当日降水量达到 1.5 mm 时很少发生林火，当日降水量达到 5 mm 时，不会发生林火。云南省森林火灾的发生与风速、气温年较差、平均气温显著相关（李丽琴，2010）。大兴安岭地区气候暖干化，特别是夏季暖干化特别严重，导致林火次数显著增加（杨光，2010；赵凤君，2007；王明玉，2009；张艳平，2008）。刘元春（2007）研究发现，中国森林火灾次数南多北少，过火面积北多南少，气温和湿度因子对森林火灾影响显著。

城市火灾也会受到气候因子的影响，但只有很少的学者研究了气候对城市火灾的影响（Jonathan et al.，2011）。Gunther（1982）发现美国南部乡村由于很少有固定取暖设施，气候寒冷的时候由于取暖导致的火灾死亡人数显著增多，而贫穷则使得该问题恶化；相应地，在城市这种现象则不明显，这是由于城市人口大多居住在公寓内，有着公共的取暖设施，并由专人进行维护。Chandler（1982）发现周火灾起数和周平均最低气温之间存在显著关系。在印度尼西亚最大的两个城市雅加达和泗水市，月火灾起数直接受到每年气候变化的影响，火灾在干季发生更频繁；特别是在泗水市，火灾起数与大气湿度水平显著负相关，当大气湿度低于 70% 或降雨低于 6 mm 时，火灾起数增加（Sufianto et al.，2011）。在澳大利亚的昆士兰，高的火灾发生率与本地高温相关（Jonathan et al.，2011）。

国内也有部分学者对单个城市的火灾和气候时间序列数据进行分析。钱妙芬等（2003）对成都市 1950—1996 年火灾发生次数与气象因子进行分析，发现年平均气温、年平均相对湿度对火灾发生的影响最高。黄韬等（2008）建立了北京市火灾起数与主要气象因子的自回归模型，研究结果表明：气象因素与火灾的发生关系密切，其中，降水量、相对湿度及温度对火灾数量有显著的影响，而风速影响却不大。陈青云等（1997）对武汉市 1980—1991 年的逐日火灾资料进行分析，发现火灾发生率与空气相对湿度为负相关，与气温日交差、连旱天数、最大风速等为正相关。李苡茹等（1990）对河池地区的火灾次数进行分析，发现其与降雨日数、降水量、月平均相对湿度呈负相关，而连续干旱无雨后则火灾次数明显增多。尹承美等（2005）利用 2000—2004 年济南市火灾资料，发现大风、少雨、空气干燥是火灾发生、火势蔓延的重要气象环境条件，火灾起数与大风日数呈显著正相关，与相对湿度呈显著负相关。唐毅（1994）对呼和浩特 1980—1990 年的火灾资料进行分析，发现同期高温、前期少雨雪是多火灾的征兆；秋末冬初，如突然变冷、低温，冬季严寒，取暖用火增多，也有利于火灾的发生。杨立中等（2005）分析了南京市和无锡市 1997—2001 年的城市火灾数据与月平均降雨量和月平均气温等气象因素之间的关系，发现气象因素与火灾的发生密切相关，可能对滞后 2 个月后的火灾形势影响较大。孙莹莹（2010）对哈尔滨、兰州的各项火灾、气象数据进行对比分析，发现哈尔滨的火灾概率随着温度升高而降低，兰州则正好相反，两个城市的火灾概率与平均湿度之间都满足较好的线性负相关关系。张书余等（1999）分析了河北省45年的火灾和气象资料，发现河北省火灾发生的次数与相对湿度、降雨日数、气温成反比，与雷击次数、风速成正比。崔锷等（1995）对华东某城市1986—1992年的火灾数据进行统计，发现5天内的相对湿度持续影响的实效湿度，以及2天前的日平均气温、日最高气温对火灾的影响较大，并列出了预报方程。

郑红阳（2010）在其博士论文《受气象因子驱动的火灾系统标度性研究》中，对日本及中国湖北省和昆明市的火灾数据进行了统计分析，结果表明：森林火灾与城市火灾的时间间隔序列都具有长程幂律正相关性，城市火灾时间间隔序列的相关性比森林火灾弱，规模越大的火灾发生随机性越强。他认为，在小的时间范围内，人口因素、人类活动对火灾起到主导作用，只有考察较长的时间范围，城市火灾才会像森林火灾一样受到气候的影响。他研究了森林火灾面积和温度、相对湿度、降水等气象参数的分布特征，但并未给出城市火灾和气候因素的确切关系。

2006年，国家气象局发布了国家标准《城市火险气象等级》（GB/T 20487—2006），规定了城市火险气象等级的5个级别及判别条件，可用于城市火险气象等级的预报和评价。该标准计算城市火险气象指数（UFDI）时主要考虑日最高气温、日最小相对湿度、日最大风力、连续无降水日数、日降水量等气象因子，各气象因子分别对应一个UFDI分量，并根据纬度、海拔、季节等因素进行调整，各气象因子对应UFDI分量之和，即为该地当日的UFDI。例如，某地位于北纬25°以南，7月的某天日最高气温为38 ℃，对应UFDI分量为20；日最小相对湿度为88%，对应UFDI分量为8；日最大风力为3级，对应UFDI分量为12；连续无降水日数为8天，对应UFDI分量为9；日降水量为0，对应UFDI分量为0。则该城市当日UFDI为20+8+12+9+0 = 49，对应火险气象等级为3级，为中等火险。在该标准中，气温越高，相对湿度越低，风力越大，连续无降水日数越多，日降水量越小，对应的UFDI分量越大；并且在相同气温、湿度的情况下，纬度越高，海拔越高，UFDI越大。这说明火灾风险不但与气象因素密切相关，而且与地理位置、海拔高度也相关。

综上所述，气候因素对火灾发生的影响非常显著，这对火灾的宏观研究非常重要。不同学者对不同时期、不同城市的研究对象得出了大致相同的结论，各类气象因素与火灾的发生密切相关，其中，气温、湿度对火灾发生的影响最大，一般火灾发生率与气温为正相关，与湿度为负相关。

1.2 传统火灾统计分析方法的局限性

国内外学者大多利用常规统计方法或线性回归法对火灾进行统计分析。通常使用火灾风险和社会经济变量的统计数据进行相关性分析，以发现两者之间的关系，这对城市的火灾分析较为有用（Jennings，1999）。Chandler（1982）对大伦敦地区的火灾和社会、房屋因子的关系进行相关性分析，发现房屋自住率、人口密度、房屋设施缺失等因子均与火灾显著相关。Runyan 等（1993）统计了北卡罗来纳的 151 个火灾案例，发现 39% 的亡人火灾和 28% 的非亡人火灾是由于取暖设备引起的，其中超过一半是使用煤油取暖的。邸曼等（2006）采用常规统计方法对 1993—2002 年我国电器火灾进行统计，统计条件为火灾发生时间、省域、起火原因、起火部位等。李海江（2010）对 2000—2008 年我国的重特大火灾进行统计，也是按照火灾发生时间、地域、起火场所，以及人员伤亡、财产损失等进行统计。曹文娟（2006）利用简单二元线性回归方法对我国 1994—2003 年一次死亡 30 人以上的特大火灾进行了分析建模，认为违规操作和电气故障这两个因素都对群死群伤火灾的发生起关键性作用。李蔚（2010）也使用二元线性回归方法对某市 2007—2010 年造成人员伤亡的火灾进行分析建模，结果表明：生活用火不慎和电气故障是伤亡火灾事故的主要因素。

有学者还利用灰色模型、马尔可夫链等方法对火灾数据进行分析。郜锋（2009）利用灰色 GM（1，1）模型对惠州市 2002—2007 年火灾数据的发展趋势进行预测；贾水库等（2008）利用灰色 GM（1，1）模型对我国南方某城市 1996—2007 年火灾事故的统计数据进行分析，并建立了城市火灾事故灰色理论预测模型；刘艳军（2006）利用灰色 GM（1，1）模型对北方某城市 2001—2005 年的火灾发生规律进行分析和预测。上述研究结果表明：基于灰色系统理论预测城市火灾发生趋势是可行的。胡敏涛等（2009）使用马尔可夫链预测方法，对我国 1951—2004 年的火灾发生率数据进行分析，并进行了分级预测，结果表明：马尔可夫链预测方法用于城市火灾发生率及其分级的预测是切实可行的。郑双忠等（2005）利用信息扩散原理，对某市 1994—2003 年的火灾数据进行扩散估计，从而将单值样本变为集值样本，然后对火灾风险进行评估。徐志斌（2008）使用时间序列法对江苏省 1997—2001 年的火灾起数、死伤人数、直接经济损失进行分析和预测，认为该方法可以很好地对某个地区的火灾形势进行分析和预测。陈子锦等（2007）采用聚类分析方法对 2000—2002 年我国 31 个省份火灾统计数据进行分析处理，通过火灾损失和经济发展水平、消防投入的聚类分析，量化了不同地区的火灾损失水平，揭示了三者之间的内在联系。廖曙江等（2006）采用主成分和系统聚类分析方法对重庆主城区 1999—2004 年的火灾情况进行了研究，对 9 个区的火灾灾害程度分级，并与人均 GDP 进行了定性的比较。王静虹等（2010）利用分形理论及方法对合肥市 2000—2008 年的火灾数据进行分析，发现城市火灾在空间尺度上具有幂律分布特征，而在时间尺度上具有指数分布特征。

Jennings（1999）已经意识到火灾是与建筑环境相关的空间问题，提出火灾分析中应考虑地理因素，他认为人群和建筑在城市里都是按照一定密度梯度进行分布的，从而造成火灾分布也不均衡。在森林火灾方面应用时空分析的研究比较多，而对城市火灾进行时空变化研究的文献则很少（Jonathan et al.，2011）。只有少数学者尝试描述火灾的地理特征，如 Ohgai 等（2004）使用元细胞自动机技术模拟火灾在城市中的蔓延；Spyratos 等（2007）研究了城市火灾和野火的交互影响；Jonathan 等（2007）使用空间分析技术探索了英国南威尔士的火灾事故分布特征；Jonathan 等（2011）以澳大利亚昆士兰为例，通过时空探索性分析，研究了火灾与社会经济、气候、节假日等因素之间的关系；Chang（2009）以我国台湾台南市为例，研究了火灾与空间因素之间的关系，他选用建筑物特征（建筑类型、建筑结构、层数、建筑年限）、建筑用途、周边环境（人口密度、道路宽度）等参数，应用空间滞后模型（SLM）和空间误差修正模型（SEM），发现这些因素与火灾密切相关（99% 置信水平下），建筑环境的确会影响火灾的发生。

尽管学者们所使用的方法多种多样，但其研究对象大多是某一时段内的某个地域（全国、省域或市域）的火灾数据，也就是研究对象只有一个，无法反映火灾与大范围地理因素的关系；即便某些研究使用了截面数据，但只是将不同的截面单元作为一个样本集合，并未能体现火灾与时空因素的关系；使用方法大多只是简单的统计分析或回归分析，难以反映火灾与相关因子的动态关系。

1.3 火灾的空间相关性

从国内外已有研究成果分析，火灾受社会、经济、环境、组织等诸多因素的影响。但在纷繁复杂的火灾影响因素体系中，学者们较为一致的看法是，社会经济发展及气候变化对火灾影响很大。学者们列举了很多社会经济指标，如家庭收入、建筑特征、人口素质、城市化率、贫穷现象、私营企业比例、教育程度等，都会对火灾产生显著影响；另外，气象因素对火灾的影响非常显著，不同学者对不同时期、不同城市的研究对象得出了大致相同的结论，气温、湿度对火灾发生的影响最大，一般火灾发生率与平均气温为正相关，与空气相对湿度为负相关。

气候干燥的地区或季节，火灾相对高发；气候湿润的地区或季节，火灾相对低发。社会经济发展必然影响到火灾变化。人口越多的地区，火灾起数应该越多；物质财富密集的地区，可燃物堆积也就越多；用电、用火量高的地区，诱发火灾的火源也多。另外，人民收入水平提高，解决基本温饱问题之后，对火灾安全的需求越来越高；政府财政收入增加后，消防经费的投入能力也会提升。以上因素综合作用，势必会在宏观因素上对火灾产生重大影响，火灾也将表现出空间相关性。

虽然火灾与时空因素关系密切，但应用时空分析技术研究火灾变化规律的文献尚不多见。中国社会正经历转型期，不同的时间、不同的地域社会经济情况各不相同，气候变化更存在明显的地域差异，与火灾风险之间的关系也可能各不相同，必须要结合时空要素分析火灾、社会经济、气候之间的关系。

本书的主要内容：对火灾空间分布与火灾时间变化进行探索性分析，初步分析经济发展及气候变化对火灾变化的宏观影响；从时序角度，以江苏、重庆及全国尺度为例，分析经济发展、气候变化对火灾变化的时间动态影响；从时空综合角度，对比分析火灾地域分异，分析时空因素对火灾分布的影响；基于向量误差修正模型，进行火灾宏观变化时间动态分析；基于面板数据模型，进行火灾地域分异分析，研究火灾变化对经济发展、气候变化的响应敏感度，实证各地是否存在火灾 Kuznets 效应；基于空间面板数据动态模型，分析火灾同化效应、火灾惯性效应、火灾警示效应。

第二章　火灾数据的常规统计分析

由于数据所限，我们使用 2004 年的火灾数据进行统计分析，其他年度的规律基本类似。本章部分数据和图表来自《2004 中国火灾统计年鉴》。

2.1　起火原因分析

消防部门传统上将火灾起火原因分为放火、电气火灾、违章操作、用火不慎、吸烟、玩火、自燃、雷击、不明及其他（公安部消防局，2003）。从图 2-1 可以看出，用火不慎、电气火灾是导致火灾发生的两个主要原因，两者占比相加达到 51%。用火不慎一般是居民生活用火时未能仔细看护火源，造成火点引燃周边易燃物品，从而引发火灾，如做饭、取暖时火星溅出，敬神祭祖时香火引燃幔帐等。2004 年，敬神祭祖引发的火灾达 3968 起，这就要求在民俗节日（清明节、春节等）期间及宗教场所广泛宣传防火知识，提倡文明祭祖，移风易俗，消除火灾隐患。

电气火灾在火灾起数中占据第 2 位，仅次于用火不慎引发的火灾，而在造成火灾损失中则占据第 1 位。从图 2-2 可以看出，电气火灾造成的直接经济损失最高，占比达到 42%，远高于违章操作（11%）、用火不慎（11%）等引发的火灾损失。电气火灾可能是由于电器设备老化、过载、短路而引起火灾，也可能是由于静电等因素引起。2004 年，静电引起的火灾高达 8073 起，防静电需要在人们的工作、生活中引起足够重视。

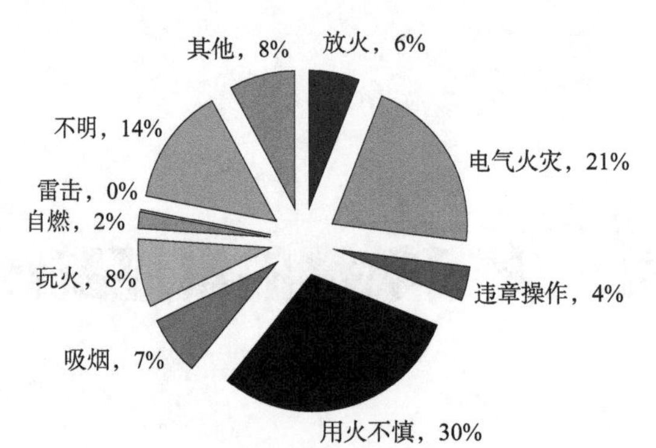

图 2-1　2004 年起火原因统计

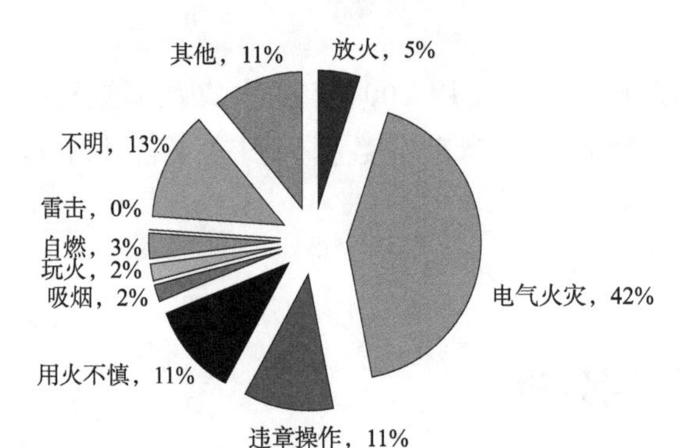

图 2-2　2004 年起火原因—直接经济损失统计

2.2　火灾发生的时间特征

火灾在一天中的分布有着明显的特征，每天的 18—22 时为火灾的高发时段，如图 2-3 所示。这个时段一般是人们下班在家生活，或者餐饮、娱乐等人员密集场所活动比较频繁的时刻，是电力、火源集中使用的时间，容易产生火灾。低发时段则集中在凌晨 4—8 时，这个时段大多数人都在休息，餐饮、娱乐等人员密集场所都已经打烊，减少了着火源的产生。

火灾在一年中的分布也比较集中，从图 2-4 可以看出，1 月、2 月为火灾的高发月份，7—9 月为火灾的低发月份。一般来说，冬季由于气候寒冷，人们用电、用火取暖比较容易发生火灾，同时春节期间更是火灾的高发期；春秋季则由于气候干燥，同时气温适宜社会交往活动，也相对较易诱发火灾；夏季则空气湿度较大，不利于火灾的发生。

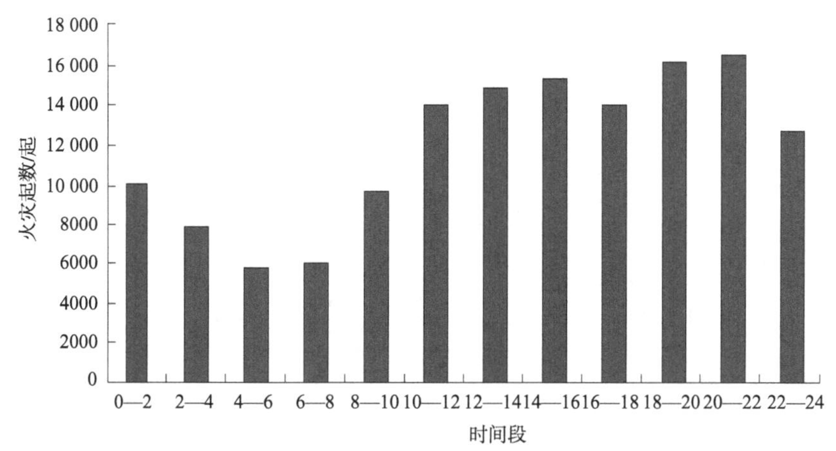

图 2-3　2004 年火灾起数分时段统计

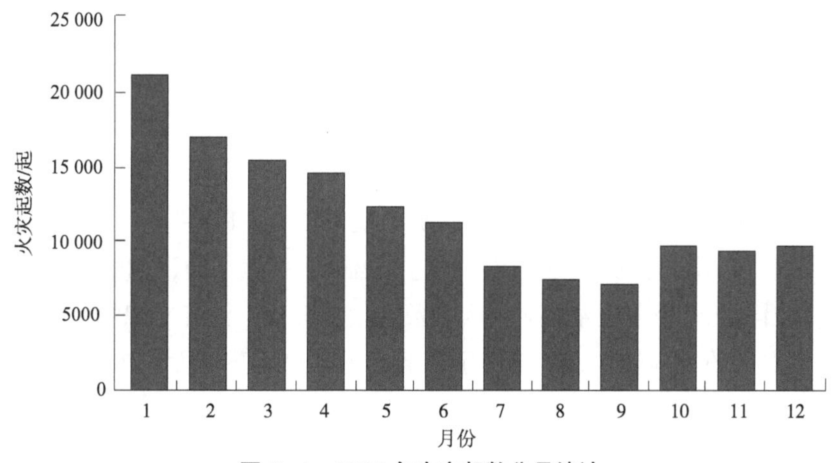

图 2-4　2004 年火灾起数分月统计

2.3　火灾发生的地域及空间特征

从图 2-5 可以看出，吉林、辽宁、山东的火灾起数远高于其他省份。东北地区由于冬季漫长、天气寒冷，用火、用电较多，同时由于是老工业基地，电气设备老化、用电负荷较高等原因，也容易发生火灾。山东近年来经济发展较为迅速，经济活力较强，城市较为密集，同时由于地处北方，气候较为干燥，也容易发生火灾。

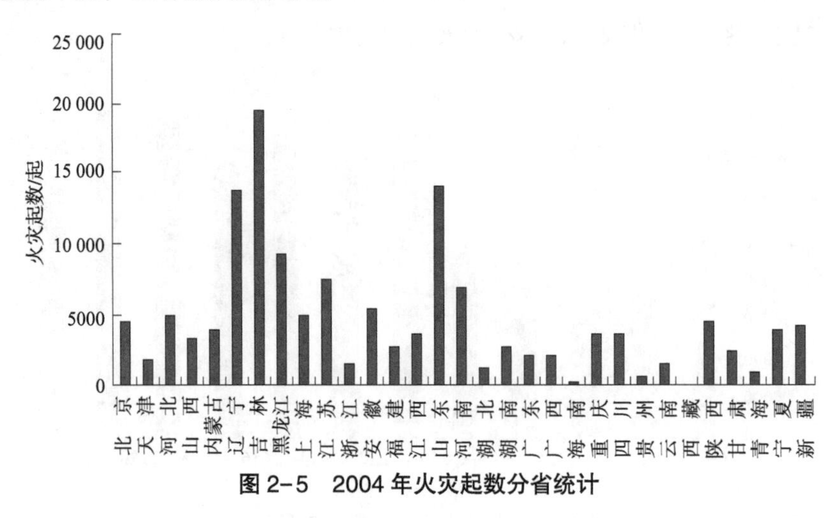

图 2-5　2004 年火灾起数分省统计

2.4　火灾发生的经济类型特征

在火灾发生的各种经济类型中，除类型未知的“其他”外（有可能是居民火灾），私营企业发生的火灾占比达 33%，占据第 1 位，如图 2-6 所示。究其原因，私营企业数量较多，大多数规模比较小，没有专职的消防队伍，对火灾安全的投入较少，甚至为了降低成本，选用防火性能较差的电气设备、生产资料，这些都是火灾发生的诱因。

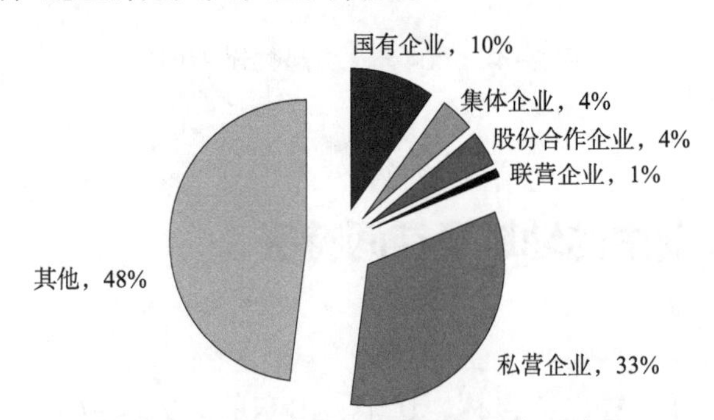

图 2-6　2004 年火灾起数分经济类型统计

2.5　火灾发生的行业特征

在火灾发生的各个行业中，排除行业特征未知的火灾，工业占比达40%，远高于排列第2、第3位的商业（25%）和交通运输（20%），如图2-7所示。工业企业生产经营过程中用电、用火较多，可燃物资较多，火灾荷载较高，而且某些单位还会使用一些易燃易爆的化学品，这些都有利于火灾的发生。商业、交通运输企业则由于人员、物资流动较为频繁，可燃物资较为集中，火灾风险相对较高。金融保险、房地产等则是资金密集的行业，虽然创造了较高的GDP，但是本身可燃物不多，用电、用火量也不高，因此，火灾起数较低。

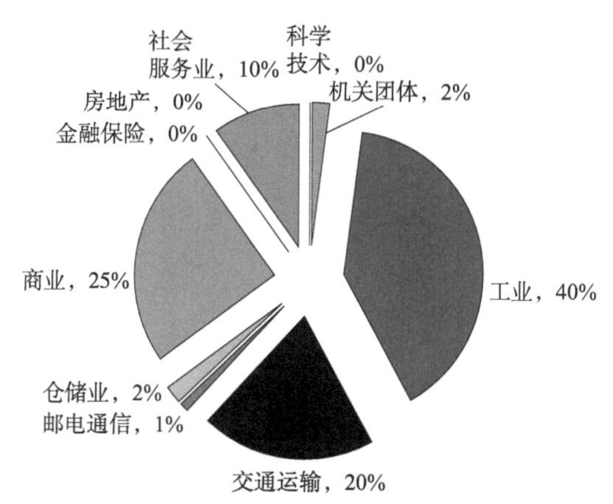

图2-7　2004年火灾起数分行业统计

2.6　火灾发生的场所特征

在各类场所特征明确的火灾事件中，火灾发生的场所为房屋类最多，占比达64%，如图2-8所示。在各类房屋中，城乡居民住宅火灾占房屋类火灾的66%，工厂厂房类火灾只占10%。这说明居民住宅是火灾发生的重灾区，须增强民众的防火安全意识。各类堆场的火灾占比达26%，仅次于房屋类火灾，由于堆场一般都是木材、棉花等集中存放之处，火灾荷载很高，万一发生火灾，将造成较大的损失，其火灾安全预防尤其需要重视。

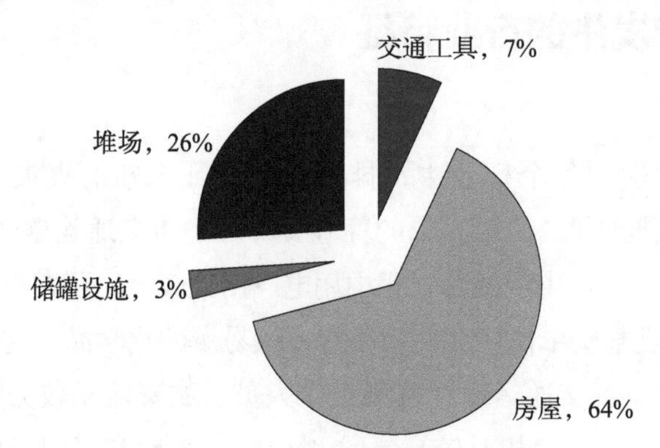

图 2-8　2004 年火灾起数分场所统计

第三章　火灾空间分布与火灾时间变化

由国内外研究文献可知，经济发展与气候变化对火灾影响很大。要了解经济发展、气候变化对火灾的影响，首先要了解火灾变化、经济发展、气候变化的时空特征。本章分别研究了火灾因子、经济因子、气候因子的空间分布及时间变化特征，以期发现经济发展、气候变化对火灾变化的影响规律。

3.1　研究区域与数据处理

研究单元为我国北京、天津、上海、重庆4个直辖市，以及所有地级以上城市（不包含港、澳、台地区，海南省仅包含海口、三亚两个地级市），共计337个有效研究单元。每个单元的火灾起数来源于2001—2010年的《中国火灾统计年鉴》，人口总数、人均GDP来自2001—2010年的《中国区域经济统计年鉴》。由于统计口径不同，火灾起数数据不包括铁路、港航的火灾，也不包括森林、草原、军队、矿山发生的火灾。此外，河北省华北油田，内蒙古自治区大兴安岭林管局，黑龙江省林业及垦区，湖北省省直辖行政单位仙桃、潜江、天门、神农架林区及江汉油田，陕西省杨凌农业示范区，新疆维吾尔自治区直属行政区等，由于不能对应到地级行政单元，其火灾统计数据也不包含。河南省济源市、海南省五指山市、宁夏回族自治区中卫市部分年度数据不全。本书所指城市或单元泛指所有地级及以上行政单元，含地、州、盟、设区地级市及其所辖城乡区域和直辖市，以下均简称城市或单元。

国内外研究文献中考虑的社会经济因子大致包括建筑物相关属性（如建筑年代、物业价值、居住条件等）、人口相关属性（如人口年龄结构、种族比例、受教育程度、收入水平等），以及社会经济宏观统计指标（如人均 GDP、产业结构等）。本书研究目的之一是探索经济发展对中国城市火灾宏观统计特征的影响，因此，宜选用能够代表社会经济发展总体水平的因子作为代表性指标。人均 GDP 是衡量经济发展状况的重要宏观经济指标之一，通过观察人均 GDP 及其变化，可以了解和把握一个国家或地区的宏观经济运行状况及基本态势，并且与教育、投资、居民收入等因素高度相关，因此，本书选择人均 GDP 作为社会经济因素的代表性指标。前文提到气温、湿度对火灾发生的影响最大，因此，应主要考虑气温变化、湿度变化对城市火灾的影响，可以年平均气温、年平均相对湿度代表年际气候变化指标。火灾起数描述某一城市或地区发生火灾的数量，是反映该地区火灾严重程度的重要指标；但由于各城市人口、规模差异较大，本书以人口火灾发生率 r（即 10 万人所发生的火灾起数，简称火灾发生率）及其变化代表不同地区或城市的火灾态势情况：

$$r = n/M \times 100\,000。 \tag{3-1}$$

其中，n 为火灾起数（单位：起），M 为人口数（单位：人），r 为火灾发生率（单位：起 /10 万人）。

本书气象数据来自国家气象局网站 2000—2009 年的《中国地面国际交换站气候资料月值数据集》，经整理共 188 个气象台站，主要选取月平均气温、月平均相对湿度两项指标。将各指标各年度 1—12 月的月平均温度、月平均相对湿度进行平均，可得各台站年平均气温、年平均相对湿度，再运用 Kriging 插值，可得全国年平均气温、年平均相对湿度的栅格分布图，之后进行 Zonal 统计，可得与火灾发生率相对应各个单元的年平均气温、年平均相对湿度。本书使用 ArcGIS 9.3.1 的 Spatial Analyst 工具进行 Kriging 插值和 Zonal 统计。

3.2 火灾分布与火灾变化

3.2.1 火灾空间分布

经计算，较高火灾发生率（$r > 11.2$ 起 /10 万人）的单元主要分布于东北地区、京津鲁、长三角、新疆、内蒙古、宁夏等地，低火灾发生率单元则主要分布于华南、西南等地，区域差异明显。较高火灾发生率单元呈现出以东北、内蒙古、宁夏、新疆为横轴，以环渤海、长三角为纵轴的“T”型分布。

东北地区绝大多数单元火灾发生率均较高（$r > 11.2$ 起 /10 万人），例外情况仅发生在伊春、绥化。内蒙古的呼伦贝尔、通辽、赤峰、包头、呼和浩特、巴彦淖尔、乌海火灾发生率均较高。宁夏除中卫数据不全外，其余单元火灾发生率均大于 30.8 起 /10 万人，其中银川更高，达 123.8 起 /10 万人。新疆除南疆的和田、喀什、克孜勒苏柯尔克孜外，其余单元火灾发生率均较高。这些地区地处北方，气候干燥，冬季寒冷，经济水平参差不齐，但却出现如此大范围的高火灾发生率分布，气候因素应是主导因素。

在环渤海地区，京津两市火灾发生率较高（平均火灾发生率分别为 55.0 起 /10 万人、46.5 起 /10 万人）；河北省由于人口密度较大，火灾发生率大多处于中等水平；山东省除德州、临沂、莱芜、烟台、菏泽外，其余单元火灾发生率均较高。长三角地区仅巢湖、宣城火灾发生率较低（$r < 6.6$ 起 /10 万人），其余单元火灾发生率大多较高，分布于北至扬州、泰州，西至黄山、铜陵，南至温州，东至沿海的广大区域。江西除上饶外火灾发生率均较高。除此之外，以郑州为中心的中原城市群，以西安为中心的关中城市群，以福州、厦门为代表的海峡西岸城市群，以广州、深圳为代表的珠三角城市群，均有部分单元火灾发生率较高。其余高火灾发生率单元则为零星分布。高火灾发生率单元分布广泛、气候多样、经济水平有高有低，火灾高发的原因有待后文分析。

华南大部、西南等地温暖潮湿，经济水平不高，其火灾发生率因此较低。

3.2.2　基于空间自相关的火灾空间聚集

火灾是发生在一定空间和时间范围内的，这就代表火灾有着很强的空间特征和时间特征。从微观上分析是指某起火灾发生的空间环境和持续时间；从宏观上分析则是指依据大量的火灾数据统计，应该能够反映哪些地方发生火灾的风险较高，哪些时间发生火灾的可能性较大。就中国而言，冬春季是火灾的高发季节，特别是春节期间，由于燃放烟花爆竹等因素，使得短时间内火灾集中高发。东北地区冬季漫长、气候寒冷，明火使用频率高，一直是火灾的高发区；而西南地区气候湿润、经济落后，火灾发生率相对不高。

Tobler（1970）曾指出“地理学第一定律：任何东西与别的东西之间都是相关的，但近处的东西比远处的东西相关性更强”，这一现象被称为空间自相关。中国火灾是否存在空间自相关，相关研究很少。本书通过对我国近年来火灾的空间聚集情况进行分析，以期发现和总结火灾的空间聚集趋势和变化规律。

在进行空间自相关分析时，常用的方法主要有全局空间自相关分析和局部空间自相关分析。本书使用 Moran 指数（I）进行全局空间自相关分析，空间权重矩阵取相邻单元为 1，其余为 0。

全局 Moran 指数的计算公式为

$$I=\frac{n}{S_0}\frac{\sum_{i=1}^{n}\sum_{j=1}^{n}w_{i,j}z_iz_j}{\sum_{i=1}^{n}z_i^2}。\tag{3-2}$$

其中，i 和 j 是要素序号，n 为要素总数，z_i 是要素 i 的属性与其平均值（$z_i-\bar{z}$）的偏差，S_0 是所有空间权重的聚合。$S_0=\sum_{i=1}^{n}\sum_{j=1}^{n}w_{i,j}$，$w_{i,j}$ 为要素 i 和 j 之间的空间权重矩阵，在本书中取相邻单位为 1，其余为 0。

Moran 指数的取值一般为 [−1，1]，小于 0 表示负相关，等于 0 表示不相关，大于 0 表示正相关。对于 Moran 指数，可以用标准化统计量 Z 检验是否存在空间自相关关系。

标准化统计量 Z 检验的计算公式为

$$Z_I=\frac{I-E[I]}{\sqrt{V[I]}}。\tag{3-3}$$

其中，$E[I]=-1/(n-1)$，$V[I]=E[I^2]-E[I]^2$。

在 $P<0.05$ 的显著水平下，$Z_I>1.96$ 表示空间单元之间存在着正的空间自相关，即相似的高值或低值单元存在空间聚集；$-1.96\leqslant Z_I\leqslant 1.96$ 表示空间相关性不明显；$Z_I<-1.96$ 表示空间单元分布存在负相关，相似的属性值趋于分散分布。本书使用 ArcGIS 9.3.1 的 Spatial Autocorrelation 工具进行全局空间自相关分析。

局部空间自相关分析用以确定空间聚集的位置所在。本书使用局部 Moran 指数进行计算分析，并使用标准化统计量 Z 检验局部空间聚集的显著性。

局部 Moran 指数的计算公式为

$$I_i=\frac{x_i-\bar{X}}{S_i^2}\sum_{j=1,\,j\neq i}^{n}\boldsymbol{w}_{i,j}(x_i-\bar{X})。\tag{3-4}$$

其中，x_i 是 i 的属性值，$\bar{X}$ 是平均值，$\boldsymbol{w}_{i,j}$ 是空间权重矩阵，

$$S_i^2=\frac{\sum_{j=1,\,j\neq i}^{n}\boldsymbol{w}_{i,j}}{n-1}-\bar{X}^2。$$

局部 Moran 指数检验的标准化统计量为 Z_I。

$$Z_{I_i}=\frac{I-E[I_i]}{\sqrt{V[I_i]}}。\tag{3-5}$$

其中，$E[I_i]=\frac{\sum_{j=1,\,j\neq i}^{n}}{n-1}$，$V[I_i]=E[I_i^2]-E[I_i]^2$。

在 $P<0.05$ 的显著水平下，若 $Z_I\geqslant 1.96$，则表示存在空间正相关，若该单元与其临近单元在该年度的火灾发生率都高于平均值，称之为“热区”（Hot Spot）或“高—高关联”，记为 HH（High-High）；若该单元与其临近单元在该年度的火灾发生率都低于平均值，则为“冷区”（Cold Spot）或“低—低关联”，记为 LL（Low-Low）。在此运用 ArcGIS 9.3.1 的 Cluster/Outlier Analysis 工具进行局部空间自相关分析。

经计算，2000—2009 年火灾发生率全局 Moran 指数结果如图 3-1 所示。

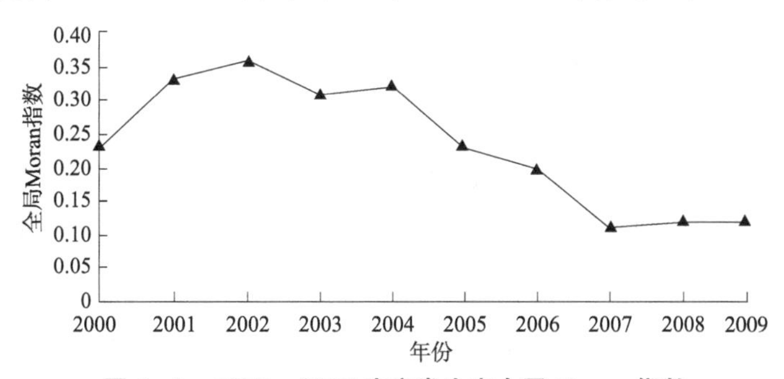

图 3-1　2000—2009 火灾发生率全局 Moran 指数

从图 3-1 可以看出，2000—2009 年，中国火灾发生率的全局 Moran 指数均为正值。经检验，各年度 Z_I 均大于 1.96，表明各年度火灾发生率存在显著的空间自相关，即中国各地火灾发生率具有明显的空间聚集特征，高火灾发生率地区与高火灾发生率地区相邻接，低火灾发生率地区与低火灾发生率地区相邻接。

2000—2002 年 Moran 指数从 0.23 增长到 0.36，表明 2000—2002 年中国各地火灾发生率的空间聚集在加强。2003 年以后，Moran 指数基本呈下降趋势，表明 2003 年以后中国各地火灾发生率的空间聚集在减弱，整体呈现分散趋势。火灾的空间聚集变化趋势与中国整体的火灾发生率变化趋势一致，如图 3-2 所示。

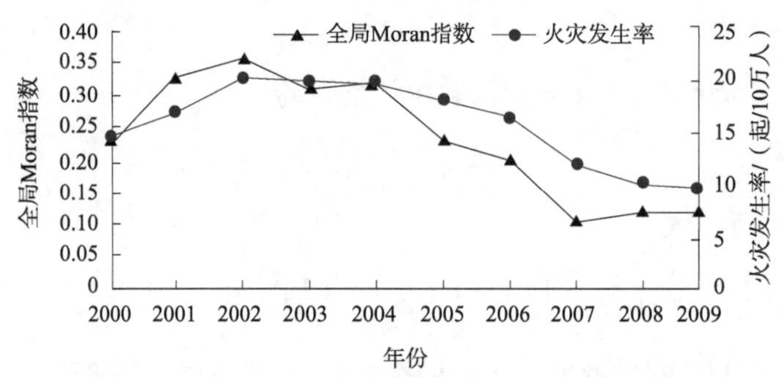

图 3-2　2000—2009 年火灾发生率与全局 Moran 指数

这说明，2002 年以前，中国整体的火灾发生率逐年升高，火灾空间聚集趋势也随之加强；2003 年以后，随着“和谐社会”“执政为民”理念的深入人心，各级政府加强了火灾安全管理和投入，火灾状况逐渐趋向缓和，火灾的空间聚集趋势也随之减弱并趋向分散。

进一步通过局部自相关分析火灾在不同区域的聚集情况，可以发现，在 $P < 0.05$ 的显著水平下，中国火灾发生率分布存在着显著的局部空间聚集现象。各年度的 HH 单元（热点）主要分布于东北、河套、新疆地区，部分年份在环渤海、长三角地区也有分布。LL 单元（冷点）主要分布于西南地区，LH 单元（低 - 高关联区）和 HL 单元（高 - 低关联区）在各年度则很少分布。大多数单元未通过显著性检验，即局部自相关性不显著。各类单元的统计情况如表 3-1 所示。

表 3-1　2000—2009 年局部自相关各类型单元数量　　单位：个

年份	HH	HL	LH	LL
2000	47	6	4	33
2001	43	5	4	52
2002	43	3	3	49
2003	40	7	3	24
2004	40	4	4	32
2005	41	7	4	13

续表

年份	HH	HL	LH	LL
2006	35	8	2	15
2007	18	5	1	0
2008	21	3	1	0
2009	17	2	1	0

由表3-1可知，HL、LH单元数量很少，各为2 ~ 8个和1 ~ 4个，空间聚集性主要体现为HH单元和LL单元。HH单元数量逐年下降，表明“高—高关联”的空间聚集性逐年减弱，高火灾发生率单元趋于随机、分散分布。LL单元数量呈现振荡下行趋势，并于2007年之后完全消失，表明“低—低关联”的空间聚集性逐渐减弱，低火灾发生率单元趋于随机、分散分布。

LL单元的分布具有明显的地域特点，主要分布于秦岭以南，湘江以西，邛崃山、乌蒙山以东的广大地域。这些地域气候温暖湿润，经济欠发达，火灾发生率因此较低。

2000年环渤海地区的HH单元有北京、天津、威海、青岛、东营，2002年仅有威海和天津，2001年、2004年、2005年则仅剩威海，在2006年以后则完全消失。2000年长三角地区的HH单元有杭州、绍兴、宁波、温州，2001年多了金华，2002年进一步增加了湖州、台州，2003年以后则完全消失。总体而言，环渤海、长三角地区的HH单元社会经济较为发达，均只在初始的部分年份存在火灾发生率的“高—高关联”，表明随着社会经济的发展，环渤海、长三角地区的火灾发生率高值空间聚集现象在2003年以后基本消失，火灾发生率趋于随机、均匀分布。

在东北三省总共36个研究单元中，2000年HH单元共计26个，2001年 29个，2002年 27个，2003年 31个，2004年 28个，2005年 26个，2006年20个，2007年HH单元突然仅剩长春、通化，2008年仅剩长春、通化、辽源，2009年则完全消失。上述结果表明，在2006年以前，东北地区一直是火灾发生率“高—高关联”的重点区域，火灾发生率高值空间聚集现象比较突出；2007年以后，火灾发生率的“高—高关联”突然大幅降低并最终消失，火灾发生率的空间聚集不再明显，趋于随机、分散分布。由于东北地区长期以来一直是火灾的高发区，火灾多、损失大，防火减灾工作一直是地方政府的重中之重，2007年以后HH单元数量突然减少除经济发展带来的消防装备增强和社会防火水平提升外，更多可能是由于政策。

2006年，国务院下发了《国务院关于进一步加强消防工作的意见》(国发〔2006〕15号)，此后各级政府和公安消防机关在全国范围内开展了火灾隐患排查整治，进一步加强了消防监督管理工作；2007年5月29日，公安部、国家发展改革委、财政部联合印发《第三期公安消防特勤装备建设规划》，决定于2007—2010年采取“中央补贴、地方按比例配套”的方法，在全国重点城市、地区组建120个公安消防特勤中队，逐步构建完善消防特勤救援力量体系，增强抗御重大灾害事故的能力。这些措施有力地遏制了火灾的发生，保障了社会的平稳和谐发展。

河套地区的HH单元主要包括宁夏的银川、石嘴山、吴忠(2000—2009年)，以及内蒙古中部的部分城市，2000—2002年为乌海、巴彦淖尔，2003—2004年为乌海，2005年为乌海、巴彦淖尔，2006年增加包头，2007年增加呼和浩特，2008年增加鄂尔多斯，2009年增加乌兰察布。上述分析表明，河套地区的火灾发生率高值空间聚集范围逐年扩大，并有从西向东、从北向南逐渐扩张的趋势。

新疆的HH单元主要分布于天山南北。2000年为乌鲁木齐、克拉玛依、吐鲁番、昌吉、巴音郭楞、伊犁、石河子，2001年为乌鲁木齐、巴音郭楞、伊犁，2002年为克拉玛依、伊犁，2003年为乌鲁木齐、克拉玛依、伊犁、塔城，2004年为乌鲁木齐、克拉玛依、昌吉、博尔塔拉、巴音郭楞、伊犁、塔城、石河子，2005年、2006年、2007年为乌鲁木齐、克拉玛依、吐鲁番、昌吉、博尔塔拉、巴音郭楞、伊犁、塔城、石河子，2008年增加阿克苏，2009年为乌鲁木齐、克拉玛依、博尔塔拉、巴音郭楞、阿克苏、伊犁、塔城、石河子。可以发现，2001—2009年，新疆的火灾发生率HH单元数量变化可以分为两个阶段，2001—2003年为第一阶段，HH单元数量为2～4个，火灾发生率高值空间聚集范围较小；2004—2009年为第二阶段，HH单元数量为8～10个，火灾发生率高值空间聚集范围较广。整体看来，新疆的HH单元有沿乌鲁木齐—伊犁走廊向南北扩张的趋势。

3.2.3 基于滑动平均法的火灾变化趋势

根据各单元2000—2009年火灾发生率，进行三点滑动平均后记为r，计算其与年份t的相关系数，记为$Pearson(r, t)$。若$Pearson(r, t) < -0.5$，则表示t与r为线性负相关，即随着年份增长，火灾发生率呈下降趋势；若

Pearson（*r*，*t*）＞0.5，则表示 *t* 与 *r* 为线性正相关，即随着年份增长，火灾发生率呈上升趋势。对 *t* 与 *r* 为线性正相关或线性负相关的单元，以年份 *t* 为自变量、以 *r* 为因变量计算斜率 *slope*（*r*，*t*），该斜率反映了 *r* 增长或减少的强弱或速率大小。

通过以上计算，可将各研究单元分为以下 3 类。

改善区：随年份 *t* 增长，*r* 呈下降趋势，即 *Pearson*（*r*，*t*）＜ −0.5。线性关系斜率绝对值越大，则改善速度越快，改善趋势越明显。

恶化区：随年份 *t* 增长，*r* 呈上升趋势，即 *Pearson*（*r*，*t*）＞0.5。线性关系斜率越大，则恶化速度越快，恶化趋势越明显。

波动区：随年份 *t* 增长，*r* 变化起伏波动或趋势不明显，即 −0.5 ≤ *Pearson*（*r*，*t*）≤ 0.5。

改善区共 186 个，主要分布于东北、华北、华东、华南等地区。改善趋势较为明显［*slope*（*r*，*t*）绝对值较大］的 10 个城市是佛山（−12.34）、辽阳（−9.87）、天津（−9.79）、抚顺（−9.19）、铁岭（−8.43）、四平（−8.08）、大庆（−8.04）、吉林（−7.21）、松原（−6.89）、威海（−6.85）。这 10 个城市中，东北地区就包含 7 个，可见东北地区近年来火灾改善趋势显著。东北、华北、华东、华南等初期火灾损失较高的单元，近年来火灾发生率持续降低，表明这些区域经济发展、防火减灾工作取得了一致的发展，进入了良性循环的发展轨道，未来应该继续保持这种趋势。

恶化区共 74 个，按照恶化趋势较强［*slope*（*r*，*t*）从大到小］的 10 个城市为乌海（−6.97）、包头（−6.92）、呼和浩特（−6.32）、三亚（−6.12）、克拉玛依（−5.00）、银川（−4.35）、马鞍山（−3.69）、石嘴山（−3.58）、武汉（−3.14）、西宁（−3.06）。这些城市火灾发生率近年来上升较快，大部分分布于黑河—腾冲线以西地区及陕西、湖北等地。在西部大开发的号角下，西部地区近年来经济发展较快，但由于消防安全未能同步发展，致使火灾发生率升高，未来应该加大消防投入，加强防火工作力度，扭转火灾发生率的恶化趋势。

波动区共 77 个，分布于西南地区及其他零星地区。波动区实际包含 3 种情况：一是火灾发生率先升高再降低，即火灾发生率在一段时间内出现恶化趋势，经过采取综合治理等措施后，火灾发生率出现回落并逐步改善；二是火灾发生率先降低再升高，即火灾发生率首先出现改善趋势，但后期由于某种原因未能保持，火灾发生率反而出现恶化趋势；三是火灾发生率变化不规则，或者围绕均值上下震荡，或者个别年份出现跳跃性变化，或者出现反复现象。这些单元未来应该进一步加强消防监督管理，防止出现恶化趋势，以期逐步改善。

3.2.4 基于地理中心计算的火灾重心变化

虽然 2002 年以来，中国火灾总体趋势是趋向改善，但各地区变化趋势并不相同。从前文火灾变化趋势得知，改善区主要分布于东北、华北、华东、华南等地区，恶化区主要分布于西部地区，这就使得全国火灾重心逐渐向西部转移。

火灾重心指各单元火灾发生率的地理中心，其计算公式为

$$\begin{cases} \overline{X}_w = \dfrac{\sum\limits_{i=1}^{n} w_i x_i}{\sum\limits_{i=1}^{n} w_i} \\ \overline{Y}_w = \dfrac{\sum\limits_{i=1}^{n} w_i y_i}{\sum\limits_{i=1}^{n} w_i} \end{cases} 。 \tag{3-6}$$

其中，x_i 和 y_i 为单元 i 地理中心的坐标经纬度；w_i 为单元 i 的火灾发生率，此处作为计算火灾重心的权重；$\overline{X}_w$ 和 $\overline{Y}_w$ 为火灾重心的经纬度坐标。

2000—2009 年火灾重心转移如图 3-3 所示。

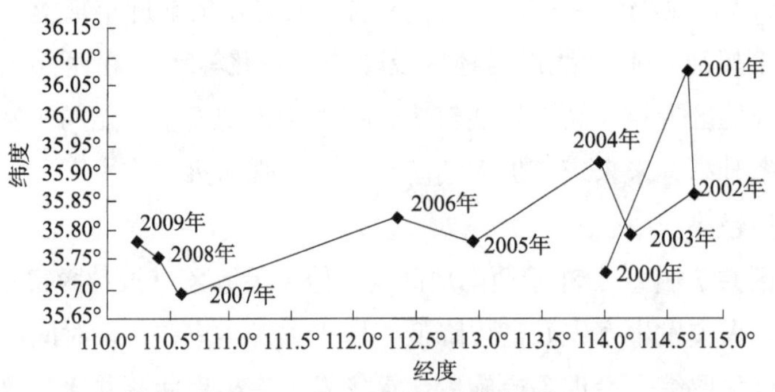

图 3-3 火灾重心转移示意

2001 年、2002 年火灾重心在安阳附近，之后逐年往西部移动，2005

年、2006 年移动到晋城，2008 年、2009 年移动到延安、渭南交界处。这说明全国火灾重心在向西部转移，西部的火灾比重逐渐增大，东部的火灾比重在逐渐降低。

3.3 经济发展如何影响火灾态势变化

3.3.1 经济空间分布

近年来，中国经济蓬勃发展，但发展并不均衡。经济较为发达（人均 GDP 较高）的地区主要分布在东部沿海地区，2000—2009 年人均 GDP 的空间分布有了较大变化。

截至 2009 年，全国已经形成了东北（哈大铁路沿线）经济区、环渤海经济区、长三角经济区、海峡西岸经济区、珠三角经济区，并且以郑州为中心的中部城市群、以长沙为中心的长株潭城市群也初具规模。值得注意的是，以榆林、鄂尔多斯为中心的陕北—内蒙古也出现了经济聚集，这得益于当地丰富的自然资源，以及由此发展起来的能源化工产业。规划中的以武汉为中心的长江中游城市群、以西安为中心的关中经济区、以重庆和成都为中心的成渝经济区还有待发展。另外，西南、华中的大部分地区及西北部分地区，人均 GDP 仍然处于较低水平，经济亟待发展。总体来看，东部地区经济较为发达，而中、西部地区经济水平较低，特别是西南地区经济仍较落后。

3.3.2 经济发展速度

尽管 2000 年以来各地经济都有了较大发展，但各地经济发展速度差异较大。定义经济发展速度为

$$s = \frac{\overline{GDP_{2009}}}{\overline{GDP_{2000}}}。\tag{3-7}$$

其中，$\overline{GDP_{2009}}$ 为 2009 年的人均 GDP，$\overline{GDP_{2000}}$ 为 2000 年的人均 GDP。

经观察，经济发展速度的分布有以下规律：东南沿海人均GDP初值较高的地区，近年来发展速度相对较低；长三角、珠三角的外围城市，得益于各自核心区的辐射和产业转移，近年来经济发展速度较快；陕甘宁晋北部及内蒙古地区，在西部大开发政策的支持下，资源开发和能源化工业得以大力发展，由于初值较低，经济发展相对较快；成渝经济区的部分城市，郑州、长沙周边，以及山东省的部分城市，发展速度也较快。

安徽—湖北—湖南—广西的部分城市，由于各种原因，发展速度较慢，有学者称之为“中部塌陷”（安虎森 等，2009）；河北部分城市发展较慢，显示京津还未能对周边产生强烈的辐射带动作用，反而产生了“灯下黑”的效果，被称之为“环京津贫困带”（钟茂初 等，2007）；青海、新疆、甘肃仍有部分城市发展速度较慢。

3.3.3 经济发展对火灾影响的双重性

经济发展对火灾的影响具有双重性。一方面，社会经济发展带来人员、物资的聚集，从而有利于火灾诱因的产生，不利于火灾的防控，即经济发展对火灾具有刺激作用；另一方面，社会经济发展又可以增加火灾安全投入，加强日常防火的控制能力，以及火灾扑救的应急能力，即经济发展对火灾具有抑制作用。经济发展是改善还是恶化了火灾趋势，在不同的地区、不同的经济发展阶段可能有不同结论。

范平安（2008）认为，火灾更深层次的原因是消防监督管理和转型中的市场经济不相适应。一方面，社会快速发展，致灾因素增多，如高层建筑、地下工程、人员密集场所等建筑剧增，生产资料需求量大幅增长和社会财富积累导致可燃物总量上升，用火用电量增长导致潜在的火源更多等；另一方面，利益主体多元化、复杂化，企业期望以最少的投入获得最大的回报，社会消防安全防范意识差，类似“三合一”工程的大量出现，或者随意改变建筑使用性质、破坏防火分区、阻塞消防通道等行为屡禁不止，而消防违法成本不高，加之消防警力严重不足，导致监管乏力、秩序混乱。李秀红（2009）也认为，在经济转轨、社会转型过程中，火灾防控体系的建立远远滞后于经济社会发展。一方面，适应转型期社会经济过程的消防安全管理机制、法律法规体系、消防安全责任体系尚待完善，消防安全宣传教育亟待加强；另一方面，消防力量资源配置不足，全国尚有675个县（市、区、旗）未建公安消防中队，按照国家法律法规要求，消防站“欠账”43.4%，市政消火栓欠账26%，很多地方消防经费得不到应有保障。这些都表现为经济发展对火灾具有刺激作用。

国外的大量研究则证实了经济发展对火灾具有抑制作用。一方面，经济条件越好的个人或地区，消防设施（烟雾探测器等）越完备，预防和应对火灾的能力越强（Jennings，1999）；另一方面，在过去30年里，发达国家把大量资金花费在装备建筑物消防系统上，消防费用（包括消防队薪金、火灾保险费用和建筑物消防系统费用在内的总消防费用）平均是火灾损失（直接损失和间接损失）的2.77倍，其中，新加坡消防费用是火灾损失的6.08倍，日本是5.46倍，英国是3.11倍，美国是2.85倍（冯艳萍，2009）。这些都会导致经济发展对火灾具有抑制作用。

3.3.4 从消防力量配置看经济因子对火灾的作用

以北京市为例，北京市2000—2009年的公安消防队数、消防车辆数、人均GDP、火灾发生率数据如表3-2所示（公安消防队数、消防车辆数等数据来自北京市消防局网站）。

表3-2 北京市2000—2009年的公安消防队数等数据

年份	公安消防队数/队	消防车辆数/辆	人均GDP/元	火灾发生率/(起/10万人)
2000	47	259	24 122	62.10
2001	50	266	26 998	69.90
2002	52	296	30 840	85.60
2003	56	303	34 892	66.00
2004	57	381	41 099	80.60
2005	57	342	45 444	83.80
2006	64	357	50 467	100.50
2007	69	401	58 204	70.42
2008	77	558	66 796	48.84
2009	86	572	70 452	45.01

经济发展可以促进消防力量配置增加，进而对火灾发生率的变化趋势产生影响。2000—2009年，北京市人均GDP与公安消防队数的相关系数为0.97，与消防车辆数的相关系数为0.94；而火灾发生率与公安消防队数的相关系数为-0.51，与消防车辆数的相关系数为-0.57。可见，随着经济的发

展，消防力量配置同步增加，两者呈高度正相关；而随着消防力量配置的增加，火灾态势得到控制，两者呈负相关。但若以2000—2006年为数据时段，其人均GDP与火灾发生率相关系数为0.80，反映在这个阶段消防力量建设投入滞后于经济发展，2003—2005年消防力量建设基本停滞，经济发展主要体现为可燃物及火灾隐患的增多，经济越发展火灾发生率越恶化。在2007年之后，北京市加大了消防力量建设力度，火灾态势很快扭转（图3-4）。

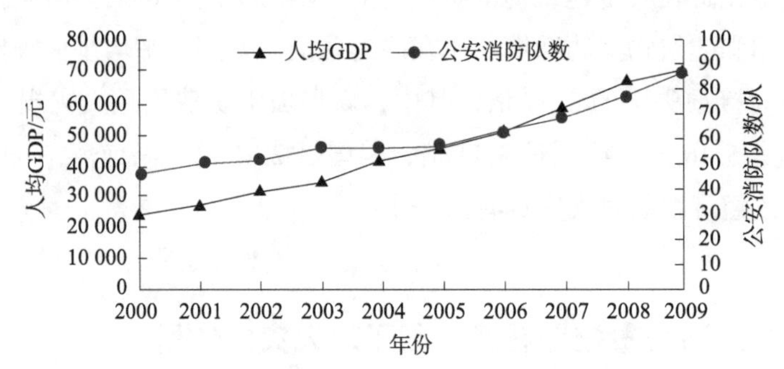

图3-4 北京市公安消防队数与人均GDP

这说明，经济发展了才能有更多的资金投入消防力量建设；消防力量配置跟上了，才能对火灾产生抑制作用，火灾态势才会改善；但若消防力量建设不能与经济发展状态相适应，经济发展则会对火灾产生刺激作用。

3.4 气候变化如何影响火灾态势变化

3.4.1 气候特征分布

中国受大陆性季风气候的影响，不同地区、不同季节的气候特征差异很大。秦岭—淮河以北地区冬季寒冷，夏季炎热，纬度越高冬夏月气温差越大，东北部分地区气温极差（最热月份与最冷月份的气温差值）达52 ℃以上；而长江以南地区纬度越低月气温变化越小，海南部分地区气温极差最低仅有不足9 ℃。秦岭—淮河以南、横断山脉以东地区，终年气候较为湿润，湿度变化不大，部分地区湿度极差（平均相对湿度最高月份与最低月份的差值）仅有7个百分点；秦岭—淮河以北、横断山脉以西地区，冬季气候干燥，夏季降雨集中，湿度极差较高，部分地区达53个百分点以上。具体来说，东北地区冬季漫长严寒，夏季短促凉爽，西部偏于干燥，东部偏于湿润，冬半年多大风。华北地区冬季寒冷干燥，夏季较炎热湿润，春秋季短促，四季分明，气温变化剧烈，春季雨雪稀少，多大风和风沙天气，夏秋多冰雹和雷暴，降雨集中。华东地区夏季闷热，冬季湿冷，春末夏初为长江中下游地区的梅雨期。华南地区长夏无冬，温高湿重。西南地区冬温夏凉，干湿季分明。青藏高原则长冬无夏，气候寒冷干燥。新疆冬季漫长严寒，夏季干热，气候干燥，风沙大。

3.4.2　气候变化

全球变暖几乎是个肯定的事实（Charles，2008；宫鹏，2010），并会引起降雨的变化。Solmon 等（2009）使用 IPCC2007 报告中分析的 22 个 AOGCM 模型预测降水的变化，结果显示全球亚热带地区旱季（最干的 3 个月）将会变得更干旱，气温每增加 1 ℃会引起干旱程度在 10 年里平均增加 10% 左右。

《气候变化国家评估报告（I）：中国气候变化的历史和未来趋势》指出，中国的气候变化与全球变化趋势一致，但升温幅度要高于全球平均值，近 50 年增温速率为 5.5 ℃ /10 年，明显高于全球或北半球同期平均增温速率。近 100 年和近 50 年降水的变化趋势不明显，但存在明显的区域差异：1956—2000 年，长江中下游、东南地区、西北大部降水有明显增加，而华北、西北东部、东北南部降水则出现下降。许吟隆等（2005）研究发现，2011—2080 年东北、华北、西北地区暖干化趋势明显，华中、华东和华南地区则会频现夏季洪涝和冬季干旱。

将 188 个中国地面国际交换站的月平均气温、月平均相对湿度进行年度平均，得出中国 2000—2009 年的年平均气温、年平均相对湿度，如图 3-5 所示。

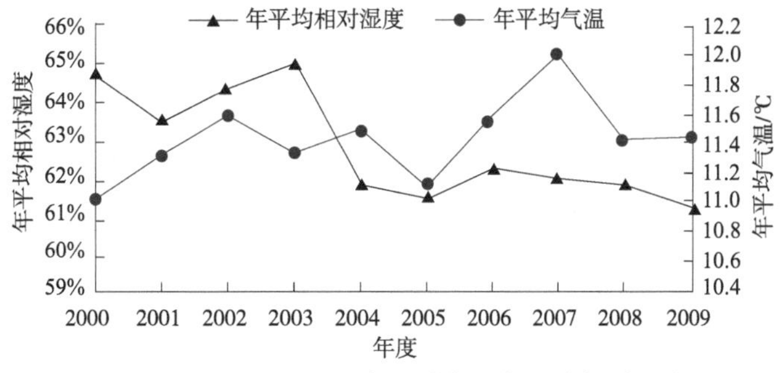

图 3-5　2000—2009 年平均气温与平均相对湿度

结果显示，2000 年以来，中国气候明显变暖。以年份为自变量 x，以年平均气温为因变量 y，则 $y = 0.041x + 11.199$，决定系数 $RR = 0.22$。2005—2009 年比 2000—2004 年平均气温上升了 0.16 ℃。

湿度的变干趋势更为明显。以年份为自变量 x，以年平均相对湿度为因变量 y，则 $y = -0.38x + 64.88$，决定系数 $RR = 0.66$。2005—2009 年比 2000—2004 年平均相对湿度降低了 2.12 个百分点。

计算各个气候台站前后 5 年的平均气温差，即 2005—2009 年平均气温与 2000—2004 年平均气温的差值，再进行 Kriging 插值。结果显示，进入 21 世纪后，全国大部分地区气温升高，其中，南方沿海地区升温幅度较小，新疆、西藏升温幅度较大。

同理可计算各地 2005—2009 年与 2000—2004 年的平均相对湿度差。结果显示，进入 21 世纪后，全国普遍变干，环渤海、东北及西北东部地区湿度降低幅度较小，而新疆、西藏变干幅度则较大。

由此可以判断，2000—2009 年全国气候基本趋势为变暖变干。

3.4.3 气候变化影响火灾发生的微观机制

从文献综述得知，气候变化会对火灾产生很大影响。那么，这种影响是怎么产生的呢?

火灾发生的三要素为一定的可燃物浓度、一定的氧气含量、一定的着火能量。不同的可燃物所需点火能量强度，即引起燃烧的最小着火能量不同，低于这个能量就不能引起燃烧。以上 3 个条件相互作用，燃烧才会发生和持续。

可燃物处于大气环境之中，与周边环境有着能量和物质的交换。

可燃物与大气环境的温度平衡。在没有别的热源情况下，可燃物通过传导、辐射、对流等方式，与周边环境进行热量交换，趋向与周边气温相同。可燃物开始持续燃烧时所需要的最低温度称为燃点，燃点与可燃物实际温度之间的差值为燃点差。显然，气温越高，燃点差越低，所需要的着火能量越少。当气温足够高时，某些燃点较低的物质（如白磷）甚至会发生自燃。此外，可燃固体、液体的燃烧是它们受热后蒸发出来的气体燃烧。固体、液体需要吸收一定的热量才能蒸发，这一热量称为蒸发潜热或汽化潜热，它随温度升高而减小。因此，气温越高，需要的着火能量或蒸发潜热越低，发生火灾的风险相对越高。

可燃物与大气环境的水分平衡。通常情况下，可燃物内部含有或表面吸附有水分，如木材等物质含水率与大气湿度密切相关。Viegas 等（2001）对葡萄牙植物的含水量进行了测量，并与邻近气象站记录的气象参数进行比较，发现气候越干旱植物含水量越低；康嫦娥（1993）在石家庄冬天时每天定时观测木材的含水率与干燥系数，得出干燥系数与相对湿度为正相关。

陈迎春等（2005）介绍了木材的燃烧过程。室温状态下，木材一般含有一定的吸附水；当加热温度上升到 110 ℃时，木材失去吸附水；当温度上升到 270 ℃时，木材纤维素分解出少量可燃气体，如 CO、甲醇等；当温度高于 270 ℃时，木材进入碳化阶段，产生大量的可燃性气体，如遇明火就可燃烧。270 ℃即为木材的燃点。由此可见，可燃物燃烧时，首先需要将水分烘干，然后才能分解出可燃物气体。因此，湿度越高，可燃物含水率越高，需要的着火能量或蒸发潜热就越高，发生火灾的风险相对越低。

人为火灾火源初期一般能量较低，如果周边环境比较潮湿，则不足以酿成火灾；但若气候比较干燥，需要的着火能量相对较低，就有可能引燃周边干燥的可燃物，从而酿成火灾。

此外，气候变化还会引起电气设备故障，从而引发火灾。邸曼等（2006）对 1997—2004 年的 449 起电气火灾进行统计，发现短路、过负荷和接触不良是最主要的起火原因，分别占 41.20%、14.03% 和 12.03%。在温暖潮湿的环境中，电气线路及设备会加速老化，绝缘能力降低，从而引发短路；当气温过高时，用电量会激增，电气设备的负载增加，若散热不良，容易产生过负荷，可能引起线路外层塑料、橡胶等绝缘材料着火，从而酿成火灾；长期潮湿的环境，会造成接触部位锈蚀，或者频繁的冷热作用（热胀冷缩），都会酿成接触不良，使接触电阻过大，导致局部过热而引发火灾。因此，炎热潮湿的气候环境下，发生电气火灾的可能性相对较高。

3.4.4　气候因子影响起火原因的宏观分布特征

消防部门传统上将火灾起火原因分为放火、电气火灾、违章操作、用火不慎、吸烟、玩火、自燃、雷击、不明及其他（公安部消防局，2003）。放火指出于报复目的的放火事件，或者精神病患者、智障人士引起的火灾，或者自焚事件等；电气火灾指由于电气设备安装、运行、保养不符合规定，造成电气设备短路、接触不良、过负荷等故障，或者静电放电等原因，引燃周围可燃物而引发火灾；违章操作指在进行电焊操作、化工生产、易燃易爆物品储存运输时，违反操作规定或处理不当，而导致火灾或爆炸；用火不慎一般是居民生活用火时未能仔细看护火源，造成火点引燃周边易燃物品，从而引发火灾，如做饭、取暖时火星溅出，敬神祭祖时香火引燃幔帐等；吸烟指乱扔烟头、火柴杆引起的火灾；玩火指小孩玩火，节庆日燃放烟花爆竹引起的火灾；自燃指由于堆放、散热等措施不当，造成温度达到或超过物质自燃点，或者化学品发生化学反应，在没有明火源的情况下就自动发生燃烧而酿成火灾；雷击指雷电引发的火灾；不明指火灾原因不明确；其他指火灾原因不属于以上几类。2000 年、2004 年火灾起火原因统计如表 3-3 所示。

表 3-3　2000 年、2004 年火灾起火原因统计

起火原因	起数 / 起		占比	
	2000 年	2004 年	2000 年	2004 年
用火不慎	33 558	42 991	27.46%	30.15%
电气火灾	31 933	29 448	26.13%	20.66%
不明	13 001	19 879	10.64%	13.94%
吸烟	10 168	10 593	8.32%	7.43%
玩火	9001	11 148	7.37%	7.82%
其他	8374	11 283	6.85%	7.91%
放火	7449	8740	6.10%	6.13%
违章操作	7083	6104	5.80%	4.28%
自燃	1417	2156	1.16%	1.51%
雷击	218	226	0.18%	0.16%

本书以 2000 年、2004 年火灾起火原因统计为例进行分析，统计数据分别来自 2000 年、2004 年《中国火灾统计年鉴》。从表 3-3 可以看出，用火不慎、电气火灾是导致火灾发生的最主要两类原因，两者占比相加在 2000 年、2004 年均超过 50%。电气火灾在火灾起数中占据第 2 位，仅次于用火不慎引发的火灾。如将用火不慎、吸烟、玩火 3 类统称为人为火灾，则人为火灾在 2000 年、2004 年占比分别为 43.15%、45.40%。本书主要分析人为火灾、电气火灾的变化，而放火、违章操作、自燃、雷击引发的火灾比例很低，可不予考虑。

2000年、2004年人为火灾、电气火灾比例表现出同样的变化趋势（图3-6）。冬天人为火灾比例较高，电气火灾比例较低；夏天则人为火灾比例降低，电气火灾比例上升，人为火灾与电气火灾比例相当。这与中国大部分地区冬季寒冷干燥、夏季炎热潮湿的气候分布特征一致。

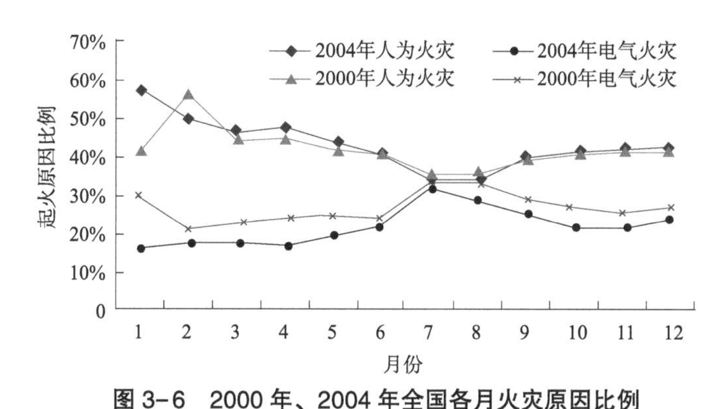

图3-6　2000年、2004年全国各月火灾原因比例

以2000年、2004年全国各气候台站的月平均气温、月平均相对湿度进行平均，得出全国的月平均气温、月平均相对湿度，然后分别计算全国月平均气温、月平均相对湿度与人为火灾、电气火灾比例的相关系数，如表3-4所示。结果显示，在火灾季节变化上，人为火灾、电气火灾的比例与气候因素高度相关，人为火灾比例与月平均气温、月平均相对湿度均为负相关，电气火灾比例与月平均气温、月平均相对湿度均为正相关。因此，从起火原因的月度分布角度分析，寒冷干燥的气候易于发生人为火灾，炎热潮湿的气候易于发生电气火灾。

表3-4　2000年、2004年人为火灾、电气火灾与气候指标相关系数

火灾分类	2000年		2004年	
	月平均气温	月平均相对湿度	月平均气温	月平均相对湿度
人为火灾	−0.62	−0.46	−0.77	−0.55
电气火灾	0.42	0.71	0.63	0.80

进一步分析人为火灾、电气火灾的空间分布。以2004年为例，计算各省的人为火灾比例、电气火灾比例。结果显示，黑河—腾冲线以西及秦岭—淮河以北，冬季气候寒冷干燥，人为火灾比例较高，电气火灾比例较低；黑河—腾冲线以东及秦岭—淮河以南，气候温暖潮湿，人为火灾比例较低，电气火灾比例较高。计算各省2004年人为火灾比例、电气火灾比例

与年平均气温、年平均相对湿度的相关系数，人为火灾比例与年平均气温的相关系数为 -0.66，与年平均相对湿度的相关系数为 0.66；电气火灾比例与年平均气温的相关系数为 -0.71，与年平均相对湿度的相关系数为 0.70。2000 年人为火灾比例、电气火灾比例与年平均气温、年平均相对湿度的相关系数与此类似。因此，从起火原因的空间分布角度分析，寒冷干燥的气候易于发生人为火灾，炎热潮湿的气候易于发生电气火灾。

以上分别从月度分布、空间分布两个角度衡量了气候因子与起火原因的关系，均发现寒冷干燥的气候易于发生人为火灾，炎热潮湿的气候易于发生电气火灾。人为火灾火源初期一般能量较低，如果周边环境比较潮湿，则不足以酿成火灾；但若气候比较干燥，需要的着火能量相对较低，就有可能引燃周边干燥的可燃物，从而酿成火灾。在温暖潮湿的环境中，电气线路及设备会加速老化，容易发生短路、过负荷、接触不良等故障，从而引发火灾。也就是说，气候变干将使得人为火灾发生可能性升高，电气火灾发生可能性降低。

3.5 火灾影响因素的初步分析

3.5.1 火灾空间分布与经济因子、气候因子的相关性

中国的火灾发生率分布呈现出明显的北高南低、东高西低规律，这与气候分布、经济分布的规律存在一定的对应关系。中国气候受季风的影响，南北差异较大，总体上南方湿度较大，北方较为干燥，相应北方火灾高发；而中国经济发展东西很不均衡，东部经济较为发达，而西部较为落后，相应东部火灾发生率较高。因此，笔者推测火灾空间分布与经济、气候特征分布相关。

以 2000 年各单元的火灾发生率代表火灾因子，人均 GDP 代表经济因子，年平均相对湿度代表气候因子，建立如下回归方程：

$$\ln(firerate)=\alpha+\beta_1\ln(humidity)+\beta_2\ln(GDP)+\varepsilon。\quad(3-8)$$

其中，*firerate* 为火灾发生率（即前文所述人口火灾发生率 r，单位：起 /10 万人），*humidity* 为年平均相对湿度，*GDP* 为人均 GDP（单位：元），ε 为残差。

采用最小二乘法（OLS）进行回归，结果如下：

$$\ln(firerate) = 5.99 - 1.24\ln(humidity) + 0.85\ln(GDP) + \varepsilon。\quad (3-9)$$

上式的决定系数 $RR = 0.35$，F 检验值 = 91.09，P 值 = 0.00。经检验，各项系数均显著，其中，系数 5.99、1.24、0.85 的 t 统计值分别为 5.10、4.45、13.05，P 值分别为 0.00、0.00、0.00。

从公式（3-9）可见，2000 年全国总体上火灾发生率空间分布与湿度负相关，与经济水平正相关。湿度越低的地方，物体越干燥，越容易诱发火灾；湿度越高的地方，物体的含水率越高，越不容易被引燃。经济越发达的地方，人员、物资更为聚集，可燃物、火源更多，火灾发生率越高。

3.5.2　火灾年际变化与经济因子、气候因子的相关性

采用相关性分析法研究经济发展、气候变化对火灾年际变化的影响。

首先分别计算各单元火灾发生率 r 与年平均相对湿度、年平均气温、人均 GDP 的相关系数，分别记为 PH、PT、PG；再根据各计算结果对火灾发生率相关性进行分类，记为 LB。PH、PT、PG 的绝对值记为 $|PH|$、$|PT|$、$|PG|$。

分类规则如下：

如果 $\max(|PH|, |PT|, |PG|) \leqslant 0.5$，则 LB =“不明确”；

如果 $\max(|PH|, |PT|, |PG|) > 0.5$ 且 $\max(|PH|, |PT|, |PG|) = PH$，则 LB =“湿度正相关”；

如果 $\max(|PH|, |PT|, |PG|) > 0.5$ 且 $\max(|PH|, |PT|, |PG|) = -PH$，则 LB =“湿度负相关”；

如果 $\max(|PH|, |PT|, |PG|) > 0.5$ 且 $\max(|PH|, |PT|, |PG|) = PT$，则 LB =“气温正相关”；

如果 $\max(|PH|, |PT|, |PG|) > 0.5$ 且 $\max(|PH|, |PT|, |PG|) = -PT$，$LB$ =“气温负相关”；

如果 $\max(|PH|, |PT|, |PG|) > 0.5$ 且 $\max(|PH|, |PT|, |PG|) = PG$，则 LB =“经济正相关”；

如果 $\max(|PH|, |PT|, |PG|) > 0.5$ 且 $\max(|PH|, |PT|, |PG|) = -PG$，则 LB =“经济负相关”。

经计算，火灾相关性分类中有 9 个单元为“气温正相关”，0 个单元为“气温负相关”，13 个单元为“湿度正相关”，29 个单元为“湿度负相关”。

火灾相关性分类中湿度正相关部分主要分布于东南沿海，湿度负相关部分主要分布于中西部地区。另外，分别有159个单元因为经济发展而致火灾发生率改善，在东部地区呈“S”型分布，42个单元因为经济发展而致火灾发生率恶化，85个单元不明确。

黑河—腾冲线以东的大多数单元，经济发展水平与火灾发生率均显著负相关，随着经济发展，火灾发生率呈下降趋势，为“经济负相关”区；黑河—腾冲线以西的大多数单元及中部部分地区，经济发展水平与火灾发生率均显著负相关或相关性较低，随着经济发展，火灾发生率呈上升趋势或无趋势，为“经济正相关”或“不明确”区。这说明，东部经济发达地区的火灾形势已经趋向好转，而中西部欠发达地区的火灾形势仍在恶化或反复。值得注意的是，云贵地区经济水平相对较低，经济发展速度也不快，但火灾形势仍趋向好转，这说明经济发展与火灾安全并非不可兼顾协调，若策略措施得当，仍可使得两者协调发展。

从火灾发生率相关性分类的结果来看，经济因子对火灾发生率的影响更大，且有47%的单元随着经济发展火灾状况出现改善，12%的单元随着经济发展火灾状况出现恶化。气候因子对火灾的影响相对较低，气候变化总的趋势是变干变暖，仅有2.7%的单元随着气候变暖火灾发生率升高，3.8%的单元随着气候变干火灾发生率降低，8.6%的单元随着气候变干火灾发生率升高。

从初步的分析结果来看，火灾变化主要是经济发展影响的结果，而气候变化仅对火灾变化起到局部修正的作用，这与传统认知相符。是否确实如此，有待下一步分析。

第四章　火灾综合损失时空分析

4.1　主成分分析

4.1.1　基本概念

在处理信息时，当两个变量之间有一定相关关系时，可以解释为这两个变量反映此课题的信息有一定的重叠。例如，高校科研状况评价中的立项课题数与项目经费、经费支出等之间会存在较高的相关性；学生综合评价研究中的专业基础课成绩与专业课成绩、获奖学金次数等之间也会存在较高的相关性。但变量之间信息的高度重叠和高度相关会给统计方法的应用带来许多障碍。

为了解决这些问题，最简单和最直接的方法是削减变量的个数，但这必然又会导致信息丢失和信息不完整等问题的产生。为此，人们希望探索一种更为有效的解决方法，它既能大大减少参与数据建模的变量个数，同时又不会造成信息的大量丢失。主成分分析正是这样一种能够有效降低变量维数，并已得到广泛应用的分析方法。

主成分分析以最少的信息丢失为前提，将众多的原有变量综合成较少几个综合指标，通常综合指标（主成分）有以下几个特点。

一是主成分个数远远少于原有变量的个数。原有变量综合成少数几个因子之后，因子将可以替代原有变量参与数据建模，这将大大减少分析过程中的计算工作量。

二是主成分能够反映原有变量的绝大部分信息。因子并不是原有变量的简单取舍，而是原有变量重组后的结果，因此不会造成原有变量信息的大量丢失，并能够代表原有变量的绝大部分信息。

三是主成分之间应该互不相关。通过主成分分析得出的新的综合指标（主成分）之间互不相关，因子参与数据建模能够有效地解决变量信息重叠、多重共线性等给分析应用带来的诸多问题。

四是主成分具有命名解释性。

总之，主成分分析法是研究如何以最少的信息丢失将众多原有变量浓缩成少数几个因子，如何使因子具有一定的命名解释性的多元统计分析方法。

4.1.2 计算步骤

（1）原始指标数据的标准化

设有 n 个样本，包含 p 个指标（$n>p$），对原始指标数据做如下标准化变换：

$$x_{ij}=\frac{x_{ij}-\bar{x}_i}{S_j}，i=1，2，\cdots，n；j=1，2，\cdots，p。\tag{4-1}$$

其中，$\bar{x}_j=\frac{\sum_{i=1}^{n}x_{ij}}{n}$，$S_j^2=\frac{\sum_{i=1}^{n}(x_{ij}-\bar{x}_j)^2}{n-1}$，可得到标准化矩阵 $\boldsymbol{X}$。

（2）计算相关系数矩阵

$$\boldsymbol{R}=\begin{bmatrix} r_{11} & r_{12} & \cdots & r_{1p} \\ r_{21} & r_{22} & \cdots & r_{2p} \\ \vdots & \vdots & \vdots & \vdots \\ r_{p1} & r_{p2} & \cdots & r_{pp} \end{bmatrix}。\tag{4-2}$$

其中，r_{ij}（$i，j=1，2，\cdots，p$）为变量 x_i 与 x_j 之间的相关系数，其计算公式为

$$r_{ij}=\frac{\sum_{k=1}^{n}(x_{ki}-\bar{x}_i)(x_{kj}-\bar{x}_j)}{\sqrt{\sum_{k=1}^{n}(x_{ki}-\bar{x}_j)^2\sum_{k=1}^{n}(x_{kj}-\bar{x}_j)^2}}。\tag{4-3}$$

因为 $\boldsymbol{R}$ 是实对称矩阵（即 $r_{ij}=r_{ji}$），所以只需计算上三角元素或下三角元素即可。

（3）计算特征值与特征向量

首先求解特征方程 $|\lambda I-\boldsymbol{R}|=0$，求出特征值，并使其按大小顺序排列，即 $\lambda_1\geqslant\lambda_2\geqslant\cdots\geqslant\lambda_p\geqslant 0$；然后分别求出对应于特征值 λ_i 的特征向量 $\boldsymbol{e}_i$（$i=1$，

2，…，p）。这里要求$\|\boldsymbol{e}_i\|=1$，即$\sum_{j=1}^{p} e_{ij}^2=1$，其中，$\boldsymbol{e}_{ij}$表示向量$\boldsymbol{e}_i$的第$j$个分量，即$\boldsymbol{e}_i$为单位向量。

（4）计算主成分贡献率及累计贡献率

主成分z_i的贡献率α_i为

$$\alpha_i=\frac{\lambda_i}{\sum_{k=1}^{p}\lambda_k}\ (i=1,\ 2,\ \cdots,\ p), \tag{4-4}$$

累计贡献率$G(i)$为

$$G(i)=\frac{\sum_{k=1}^{i}\lambda_k}{\sum_{k=1}^{p}\lambda_k}\ (i=1,\ 2,\ \cdots,\ p), \tag{4-5}$$

（5）确定主成分个数

一般取累计贡献率达85%～90%的特征值λ_1，λ_2，…，λ_m所对应的第1、第2、…、第m（$m\leqslant p$）个主成分。

（6）计算主成分荷载

其计算公式为

$$l_{ij}=p(z_i,\ x_j)=\sqrt{\lambda_i}\,\boldsymbol{e}_{ij}\ (i,j=1,\ 2,\ \cdots,\ p)。 \tag{4-6}$$

（7）计算各主成分得分

得到各主成分的荷载后，可按照下式计算各主成分的得分：

$$\begin{cases} z_1=l_{11}x_1+l_{12}x_2+\cdots+l_{1p}x_p \\ z_2=l_{21}x_1+l_{22}x_2+\cdots+l_{2p}x_p \\ \cdots \\ z_m=l_{m1}x_1+l_{m2}x_2+\cdots+l_{mp}x_p \end{cases}。 \tag{4-7}$$

4.2 火灾综合损失

4.2.1 火灾综合损失的计算及分级

按照前述标准化方法对2000年各城市的火灾起数、死亡人数、受伤人数、直接经济损失分别进行标准化，再进行主成分分析，计算火灾综合损失 Z 值，获得各城市各年度的火灾综合损失。

经计算，规格化特征向量如表 4–1 所示，各主成分贡献率如表 4–2 所示。其中，$X(1)$ 为火灾起数标准值，$X(2)$ 为死亡人数标准值，$X(3)$ 为受伤人数标准值，$X(4)$ 为直接经济损失标准值。

表 4–1　规格化特征向量

指标	$\boldsymbol{Z}_1$	$\boldsymbol{Z}_2$	$\boldsymbol{Z}_3$	$\boldsymbol{Z}_4$
$X(1)$	0.5402	−0.1987	−0.5787	0.5777
$X(2)$	0.3566	0.9317	0.0548	0.0419
$X(3)$	0.5562	−0.1652	−0.2097	−0.7870
$X(4)$	0.5212	−0.2552	0.7862	0.2124

表 4–2　各主成分贡献率

主成分	特征值	贡献率	累计贡献率
$\boldsymbol{Z}_1$	2.4594	61.50%	61.49%
$\boldsymbol{Z}_2$	0.7896	19.59%	81.22%
$\boldsymbol{Z}_3$	0.4303	10.80%	91.98%
$\boldsymbol{Z}_4$	0.3207	8.01%	100.00%

我们取 $\boldsymbol{Z}_1$、$\boldsymbol{Z}_2$、$\boldsymbol{Z}_3$ 作为选定的主成分，其累计贡献率已达 91.98%，具有充分的代表性。某个城市的火灾综合损失 Z 为

$$Z=\sum_{j=1}^{3}\boldsymbol{Z}_j\left(\sum_{i=1}^{4}\lambda_{i,j}x_{i,j}\right)。\qquad(4\text{–}8)$$

其中，$\lambda_{i,j}$ 为表 4–1 中主成分 $\boldsymbol{Z}_j$ 和指标 $X(i)$ 所对应的特征向量，$x_{i,j}$ 为各指标的标准化值。

经计算，2000 年各城市火灾综合损失最大的为洛阳市 1412.9，最小的为果洛藏族自治州 58.5，平均 161.8，标准偏差 126.3。

将各城市的火灾综合损失在 ArcGIS 9.3.1 中进行可视化展示，使用几何间隔（Geometrical Interval）进行分级，可分为 5 级（高，$Z \geqslant 403$）、4 级（较高，$174 \leqslant Z < 403$）、3 级（中，$122 \leqslant Z < 174$）、2 级（较低，$110 \leqslant Z < 122$）、1 级（低，$Z < 110$）火灾综合损失区，分别包含 15 个、79 个、92 个、38 个、113 个研究单元。

为使各城市历年火灾损失可纵向比较，2001—2009 年的火灾综合损失

计算过程中使用了2000年各指标的平均值、标准偏差进行计算，并使用了2000年主成分分析的特征值及其主成分贡献率，几何间隔分级也使用2000年的分级标准。

经统计，各年份各级别城市数量及全国火灾综合损失如表4-3所示。

表4-3　各年份各级别城市数量及全国火灾综合损失

年份	1级	2级	3级	4级	5级	全国Z值
2000	113	38	92	79	15	55 670.69
2001	128	33	101	65	10	51 576.88
2002	129	35	86	75	12	52 202.18
2003	143	33	85	64	12	51 217.48
2004	144	34	82	62	15	53 396.72
2005	136	41	83	67	10	50 881.41
2006	183	39	68	41	6	43 896.83
2007	202	21	73	34	7	42 451.02
2008	192	26	68	44	7	47 208.05
2009	194	26	74	38	5	43 964.37

可以发现，历年低火灾综合损失区主要分布于黑河—腾冲线以西，高、较高火灾综合损失区主要分布于黑河—腾冲线以东，这与我国的人口、社会经济、自然环境分布相一致，说明火灾综合损失可能与人口、经济分布有着某种程度的关联关系，有待进一步研究。

4.2.2　历年全国火灾综合损失的总体分析

对2000—2009年的全国火灾综合损失进行曲线拟合，如图4-1所示，拟合方程为

$$Z=\frac{3\,262\,541\,800\,563\,320+44\,117.304\,t^{13.577}}{61\,582\,509\,645.3+t^{13.577}} 。\tag{4-9}$$

其中，决定系数 $RR=0.8330$，F 检验值 $=9.9729$，P 值 $=0.0095$。

可以发现，2000—2005年，全国火灾综合损失处于较高水平，变异系数仅3%。2006—2009年，全国火灾综合损失与2000—2005年相比陡然降低了20%（图4-1，图中虚线为趋势线，余同）。

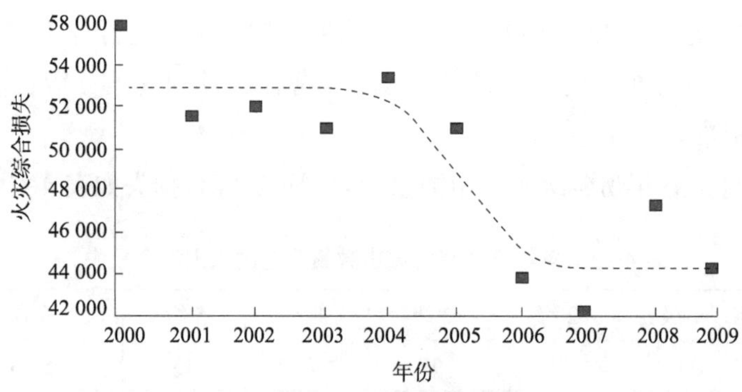

图 4-1　历年全国火灾综合损失

2000—2009 年，1 级区域占比逐渐增长，如图 4-2 所示，表明越来越多的研究单元火灾综合损失处于较低水平。4 级、5 级区域占比分为两阶段，2000—2005 年处于 22% ~ 27%，2006—2009 年处于 12% ~ 15%，降低了近一半，如图 4-3 所示，这与全国火灾综合损失的变化趋势基本一致。

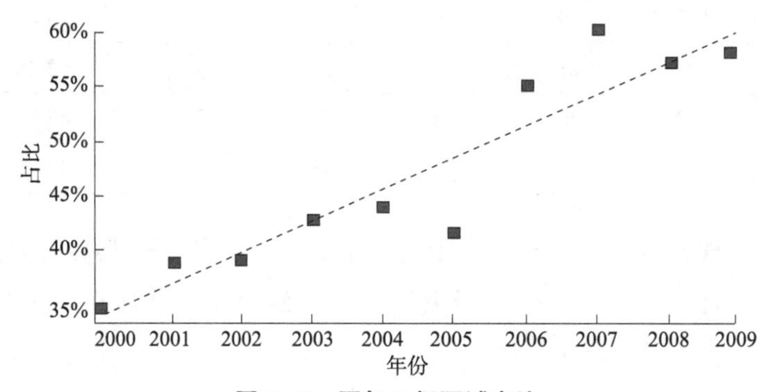

图 4-2　历年 1 级区域占比

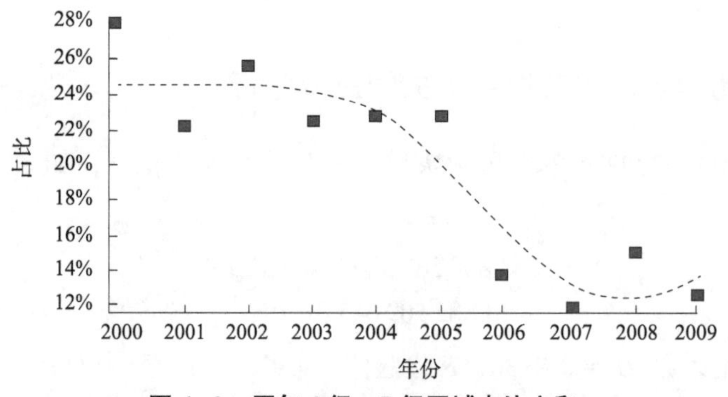

图 4-3　历年 4 级、5 级区域占比之和

以上分析说明，全国火灾综合损失在 2000—2005 年处于较高水平，在 2006—2009 年处于较低水平，降低的原因主要是火灾综合损失 4 级、5 级区域占比大幅下降。2006 年国家颁布了新版《消防法》，4 级、5 级区域占比大幅下降应与此有关。

4.2.3 火灾综合损失 5 级城市构成分析

2000—2009 年所有曾经火灾综合损失等级为 5 级的城市一共有 32 个，如表 4-4 所示。从地理分布上分析，内陆地区 7 个，环渤海地区 5 个（含营口），东北地区 6 个（含营口），东南沿海地区 15 个（其中，长三角地区 6 个，闽粤地区 9 个）。可见，高火灾综合损失地区主要分布于经济发达地区（东南沿海地区、环渤海地区）。同时，东北地区由于是老工业基地及冬季取暖需求，发生重特大火灾的概率相对较高，高火灾综合损失区相对较为密集。

表 4-4 火灾综合损失 5 级城市

城市	区位特征	5 级次数	Z 均值	m 最大值	突变年份
北京	环渤海地区	10	860.54	2.14	2009
天津	环渤海地区	6	415.33	1.44	
上海	长三角地区	10	781.95	2.23	2008
重庆	内陆地区	10	749.98	1.26	
沈阳	东北地区	7	471.42	1.35	
营口	东北地区、环渤海地区	1	186.96	2.31	2002
长春	东北地区	6	432.79	1.20	
吉林	东北地区	1	262.69	2.63	2004
辽源	东北地区	1	154.19	3.42	2005
哈尔滨	东北地区	5	343.31	1.62	2002
苏州	长三角地区	2	354.72	1.51	2004
宁波	长三角地区	3	292.39	1.50	2000
温州	长三角地区	5	494.37	1.61	2004
台州	长三角地区	1	320.93	1.27	
合肥	长三角地区	1	204.85	1.99	2002
福州	闽粤地区	1	272.42	1.73	2007
泉州	闽粤地区	6	407.05	1.24	
青岛	环渤海地区	1	304.71	2.25	2003

续表

城市	区位特征	5级次数	Z均值	m 最大值	突变年份
潍坊	环渤海地区	1	185.89	2.67	2000
洛阳	内陆地区	1	247.09	5.74	2000
焦作	内陆地区	1	134.32	3.36	2000
常德	内陆地区	1	293.18	6.11	2004
广州	闽粤地区	6	492.62	1.42	
深圳	闽粤地区	1	307.91	2.06	2008
汕头	闽粤地区	1	241.39	2.08	2005
佛山	闽粤地区	1	242.48	1.76	2000
惠州	闽粤地区	1	226.12	2.42	2004
东莞	闽粤地区	2	322.66	1.42	
海口	闽粤地区	1	134.79	3.38	2008
成都	内陆地区	2	336.54	1.26	
昆明	内陆地区	1	282.09	1.57	2000
乌鲁木齐	内陆地区	2	499.43	5.77	2008

如定义 m = 当年火灾综合损失 / 多年火灾综合损失平均值，当 $m > 1.5$ 时称火灾综合损失发生突变，其含义为该城市该年火灾综合损失远超通常年份，这样的城市有23个，占所有5级城市的71.9%。进一步查看这些城市的该年份火灾统计年鉴，发现这些城市在当年都发生了重特大火灾，造成了非常严重的人员、财产损失。

32个曾经进入5级区域的城市中，营口、吉林等17个城市都只在1个年份进入5级区域，占比为53.1%，说明5级区域范围很不稳定，偶发因素很高。除台州外，其他16个城市在进入5级区域的年份都发生了火灾综合损失突变，而通常年份火灾综合损失不高，说明偶然发生的重特大火灾是一般城市火灾综合损失突变、进入5级区域的主要原因。

5次以上进入5级区域的城市有北京、天津、上海、重庆、沈阳、长春、哈尔滨、温州、泉州、广州，这些城市代表了5级区域的稳定构成。从地理区域上分析，东北地区、环渤海地区、长三角地区、闽粤地区各有3个、2个、2个、2个，其分布与我国经济版图分布较为一致，分散于从东北到闽粤的东部一线。值得注意的是，东北三省的省会城市屡次进入5级区域，说明东北地区火灾综合损失整体较高。

4.2.4　两阶段火灾综合损失级别变化的转移特征

火灾损失级别变化情况如表 4-5 所示。

表 4-5　火灾损失级别变化情况

2000—2004 年火灾综合损失级别变化情况						2004—2009 年火灾综合损失级别变化情况					
	1 级	2 级	3 级	4 级	5 级		1 级	2 级	3 级	4 级	5 级
1 级	93	10	9	1	0	1 级	112	12	19	1	0
2 级	16	4	16	2	0	2 级	22	3	6	3	0
3 级	27	16	33	15	1	3 级	37	8	25	11	1
4 级	7	4	23	41	4	4 级	21	3	22	15	1
5 级	1	0	1	3	10	5 级	2	0	2	8	3

2000—2004 年，1 级区域、5 级区域相对比较平稳，4 级、3 级、2 级区域稳定性依次次之。1 级区域大部分位于欠发达地区（腾冲—黑河线以西），产生较高火灾综合损失的概率不大。2000—2004 年有 82.3% 的 1 级区域维持不变。另外有 66.7% 的 5 级区域依然保持为 5 级区域，有 26.7% 的 5 级区域转化为 4 级区域，说明 5 级区域多为多年火灾综合损失较高城市，防火工作应常抓不懈，加大消防投入。4 级区域中有 51.9% 仍保持为 4 级区域，有 29.1% 的区域转化为 3 级区域，说明 4 级区域平稳性适中，仍有一定概率可降低火灾综合损失。3 级区域中有 35.9% 的区域保持为 3 级区域，分别有 29.3%、17.4%、16.3% 的区域转化为 1 级、2 级、4 级区域，说明 3 级区域转化为低级别区域（1 级、2 级）的比例和转化为高级别区域（4 级、5 级）的比例基本相当。2 级区域中仅有 10.5% 的区域保持为 2 级区域，分别有 42.1%、42.1%、5.3% 的区域转化为 1 级、3 级、4 级区域，说明 2 级区域很不平稳，容易产生分化现象，防火工作做得好，则可转化为 1 级区域，反之则转化为 3 级区域，但产生很高火灾综合损失的概率不大。

2004—2009 年，1 级区域仍然较为平稳，有 77.8% 的区域仍保持为 1 级区域。2 级区域中仅有 8.8% 的区域保持为 2 级区域，分别有 64.7%、17.6% 的区域转化为 1 级、3 级区域，说明大多数区域火灾综合损失降低，与 2000—2004 年相比，有很大好转。3 级区域有 30.5% 保持不变，有 45.1%、9.7%、13.4% 的区域转化为 1 级、2 级、4 级区域，与 2000—2004 年相当，有更多的区域转化为 1 级区域，说明 3 级区域稳定性有所降低、转化为低级别区域的比例增加。4 级区域中有 24.2% 的区域保持为 4 级区域，分别有 35.4%、

33.9% 的区域转化为 3 级、1 级区域，与 2000—2004 年相比，转化为低级别区域的比例大幅增加。仍然保持 5 级区域的虽然只有 20.0%，但有 53.3% 的区域转化为 4 级区域，仍然属于较高等级，应保持警戒。

4.2.5 火灾综合损失的空间自相关分析

使用 ArcGIS 9.3.1 的 Hot Spot Analysis 工具对各年的火灾综合损失进行空间自相关分析（热点分析）。按 *GiZScore* 的取值，从高到低可分为高值聚集区（$GiZScore > 2.0$）、高值分散区（$1.0 < GiZScore \leqslant 2.0$）、一般区（$-1.0 < GiZScore \leqslant 1.0$）、低值分散区（$-2.0 \leqslant GiZScore \leqslant -1.0$）、低值聚集区（$GiZScore < -2.0$）。此处的高值、低值系与当年的算术平均值比较而言。高值聚集区指火灾综合损失较高的地区在一定区域内集中分布。高值分散区指火灾综合损失较高的地区分散分布，相对较低的地区间杂其中或环绕周边。一般区指火灾综合损失没有明显的空间聚集现象。低值分散区指火灾综合损失较低的地区分散分布，较高的地区间杂其中或环绕周边。低值聚集区指火灾综合损失较低的地区集中分布。

分析 2000 年火灾综合损失空间自相关分析图可以发现，高值聚集区主要分布在东部地区，低值聚集区主要分布在陕甘宁青地区，高值分散区分布于高值聚集区周边及东北中南部地区，低值分散区主要分布于西北中部、西南西部，一般区则分布于华中地区、华南大部、新疆北部、东北北部地区。从 2003 年以后，低值聚集区范围逐渐缩小，直至 2008 年、2009 年完全消失，同时一般区的范围大幅度增加，表明各地低火灾综合损失区不再集中分布，转向均匀、随机分布的状态。

4.2.6 火灾综合损失的时间序列趋势分析

由于发生火灾综合损失突变有一定的偶然性，不利于发现总结历年火灾综合损失变化规律，因此需要剔除。剔除样本的范围参见前述火灾综合损失发生突变的城市及其年份。然后对各样本进行三点滑动平均处理，处理完毕的数据称为火灾综合损失平滑数据，记为 $\overline{Z}_t$。再以年份为自变量、以 $\overline{Z}_t$ 为因变量进行 Pearson 相关系数分析计算，结果表明，大部分地区与年份为线性负相关（$Pearson(t, \overline{Z}_t) < -0.5$），即随着年份的增长，$\overline{Z}_t$ 呈下降

趋势。也有相当多的地区与年份为线性正相关（$Pearson（t，\bar{Z}_t）> 0.5$），即随着年份的增长，$\bar{Z}_t$ 呈上升趋势。对 Pearson 相关系数计算结果中线性相关或线性负相关的地区，以年份为自变量、以 $\bar{Z}_t$ 为因变量计算斜率，该斜率反映了 $\bar{Z}_t$ 增长或减少的强弱或速率大小。对 Pearson 相关系数计算结果中线性相关性不明显的地区（$|Pearson（t，\bar{Z}_t）| < 0.5$），求取 $\bar{Z}_t$ 最大值、标准偏差、变异系数。

有了以上计算结果，可将各研究单元分为以下 4 类。

平稳区：随年份增长，$\bar{Z}_t$ 变化不大。满足以下 3 个条件之一，则可称为 $\bar{Z}_t$ 变化不大。$\bar{Z}_t$ 的最大值 < 122（122 为火灾综合损失 2 级区域的上限），$\bar{Z}_t$ 的标准偏差 ≤ 10；$\bar{Z}_t$ 的变异系数（标准偏差 / 算术平均值）≤ 0.05。

改善区：随年份增长，$\bar{Z}_t$ 呈下降趋势，即除平稳区外，$Pearson（t，\bar{Z}_t）\leq -0.5$。线性关系斜率绝对值越大，则改善速度越快，改善趋势越明显。

恶化区：随年份增长，$\bar{Z}_t$ 呈上升趋势，即除平稳区外，$Pearson（t，\bar{Z}_t）\geq 0.5$。线性关系斜率越大，则恶化速度越快，恶化趋势越明显。

波动区：随年份增长，$\bar{Z}_t$ 变化起伏波动或趋势不明显，即除平稳区外，$-0.5 < Pearson（t，\bar{Z}_t）< 0.5$。

平稳区共 140 个城市，主要分布于黑河—腾冲线以西，以及湘鄂赣黔桂的一些地区。平稳区中火灾综合损失相对较高的（$\bar{Z}_t$ 平均值大于 122）的城市包括南昌、安庆、漳州、九江、邢台、蚌埠、湘西自治州、宜宾、包头、银川、潮州、文山、宿州，其他城市火灾综合损失相对都比较低。平稳区大部分属于经济欠发达地区，火灾综合损失基数较低，未来随着经济的发展，应该逐渐增加消防投入、加强消防管理，使得社会经济与防火减灾能够协调发展。南昌的 $\bar{Z}_t$ 趋势如图 4-4 所示，图中横线为 $\bar{Z}_t$ 的平均值，余同。

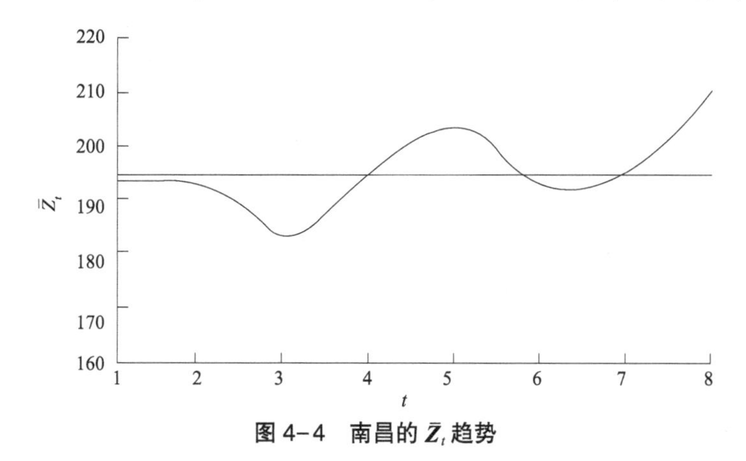

图 4-4　南昌的 $\bar{Z}_t$ 趋势

改善区共138个城市，主要分布于黑河—腾冲线以东地区，以及巴音郭楞、吐鲁番、酒泉、兰州、银川等地区。改善趋势最为明显（线性关系斜率绝对值最大）的10个城市是温州（−49.23）、沈阳（−41.18）、广州（−40.80）、宁波（−39.01）、哈尔滨（−37.20）、天津（−32.17）、济宁（−31.76）、台州（−28.56）、杭州（−28.39）、绍兴（−28.38）。东北、华北、华东、华南等初期火灾损失较高的区域，2000年以来火灾综合损失持续降低，表明这些区域经济发展、防火减灾工作取得了一致的发展，进入了良性循环的发展轨道，未来应该继续保持这种趋势。天津的$\bar{Z}_t$拟合曲线如图4-5所示，拟合方程为

$$\bar{Z}_t = 562.3673 - 32.1741t, \quad t = 1, 2, 3, \cdots 。 \tag{4-10}$$

其中，决定系数$RR = 0.9341$，F检验值$= 85.0744$，P值$= 0.0001$。

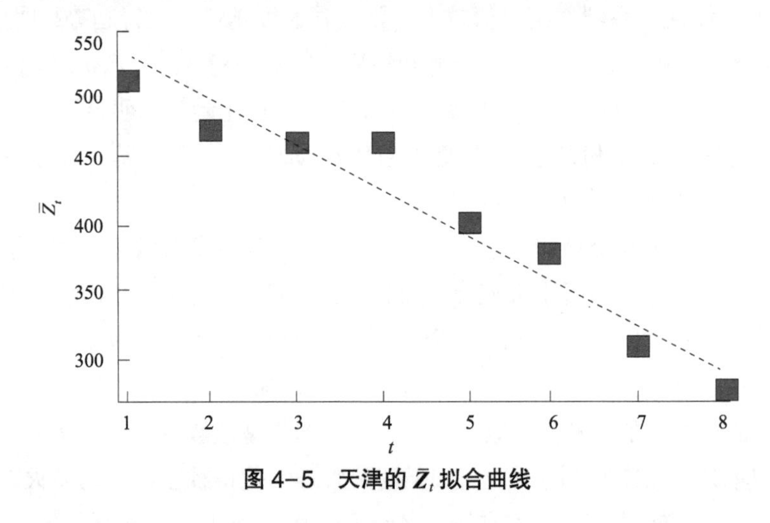

图4-5 天津的$\bar{Z}_t$拟合曲线

恶化区共27个城市，按照恶化趋势强弱（线性关系斜率从大到小）排列：上海（−31.4）、西安（−21.2）、武汉（−21.1）、呼伦贝尔（−17.0）、怀化（−15.8）、福州（−15.5）、拉萨（−14.5）、莆田（−14.2）、柳州（−13.3）、深圳（−12.6）、乌鲁木齐（−10.7）、榆林（−10.4）、成都（−10.0）、呼和浩特（−7.8）、宝鸡（−7.6）、赤峰（−7.2）、滁州（−7.0）、汉中（−6.6）、海口（−5.5）、阿克苏（−4.8）、遵义（−4.3）、太原（−4.3）、黄冈（−4.1）、六安（−3.5）、吕梁（−3.3）、抚州（−3.3）、荆州（−2.5）。这些城市中有40.7%为省会或副省级以上城市，表明大中城市防火减灾任务仍很艰巨。未来应该加大消防投入、加强防火工作力度，扭转火灾综合损失的恶化趋势。

从地理位置上分析，恶化区主要沿呼伦贝尔—成都、滁州—柳州、上

海—海口3条近似平行等距的带状分布。其中，呼伦贝尔—成都带的城市包括呼伦贝尔、赤峰、呼和浩特、太原、吕梁、榆林、西安、宝鸡、汉中、成都，与黑河—腾冲线基本重合；滁州—柳州带的城市包括滁州、六安、黄岗、武汉、荆州、怀化、柳州，靠近淮河、大别山、雪峰山一线；上海—海口带的城市包括上海、福州、莆田、深圳、海口，沿东南沿海分布。前两条线近似把中国分为了三部分，即发达地区（东南沿海）、发展中地区（华中、西南、华北、东北）、欠发达地区（西部）。恶化区地理分布的这种规律性，可能与气候变化或转型期社会经济发展有关，具体原因有待进一步研究。

上海的 $\bar{Z}_t$ 拟合曲线如图4-6所示，拟合方程为

$$\bar{Z}_t=540.3613+31.3975t,\ t=1,\ 2,\ 3,\ \cdots 。\qquad (4-11)$$

其中，决定系数 $RR=0.9429$，F 检验值 $=82.6384$，P 值 $=0.0003$。

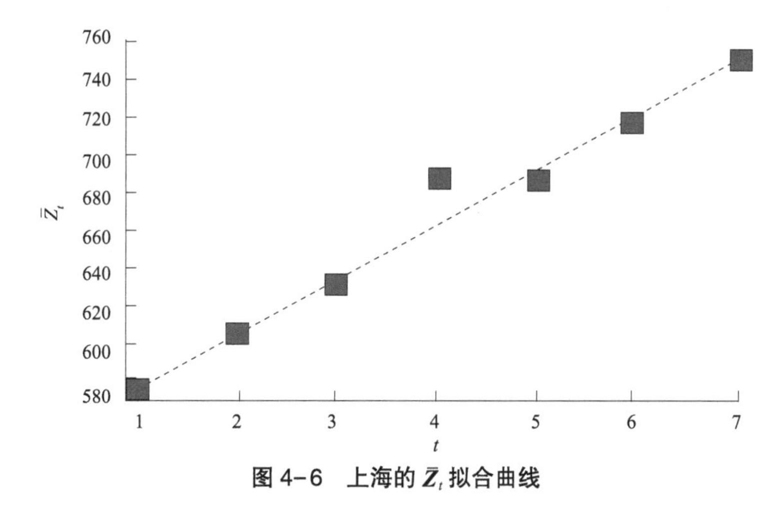

图4-6　上海的 $\bar{Z}_t$ 拟合曲线

波动区共36个城市，一部分沿黑河—腾冲线分布，余者大多分布于淮河—大别山—雪峰山沿线与东南沿海之间。波动区可进一步分为以下3类。

恶化—改善区：该类区域的 $\bar{Z}_t$ 呈现先升高再降低的趋势，表明该区域火灾综合损失在一段时间内出现恶化趋势，经过综合治理等措施后，火灾综合损失出现回落并逐步改善。属于该类型的城市有北京、忻州、白城、亳州、厦门、三明、汕头、中山、揭阳、南宁、河池。这些城市的 $\bar{Z}_t$ 拟合曲线表现为开口向下的二次曲线，如北京的 $\bar{Z}_t$ 拟合曲线如图4-7所示。拟合方程为

$$\bar{Z}_t=625.645+146.5757t-208\ 711t^2,\ t=1,\ 2,\ 3,\ \cdots 。\qquad (4-12)$$

其中，决定系数 $RR=0.9125$，F 检验值 $=20.8685$，P 值 $=0.0076$。

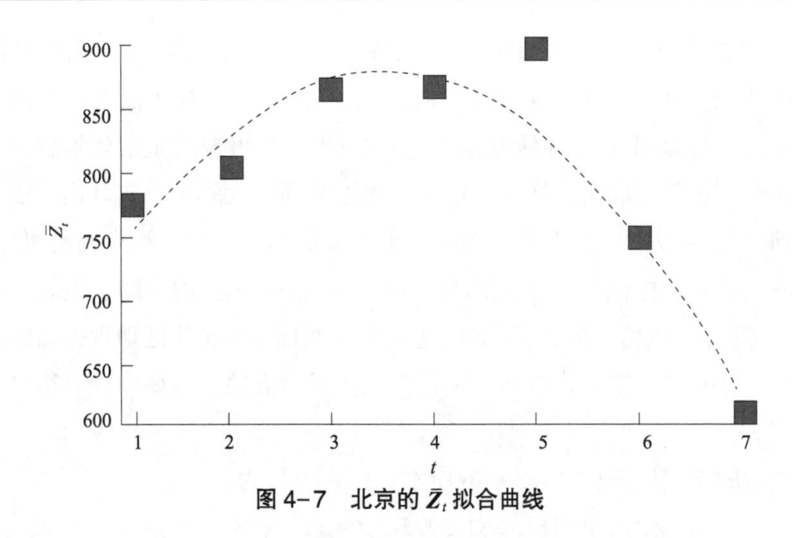

图 4-7　北京的 $\bar{Z}_t$ 拟合曲线

改善—恶化区：该类区域的 $\bar{Z}_t$ 呈现先降低再升高的趋势，表明该区域火灾综合损失在前段时间内出现改善趋势，但后期火灾综合损失却逐步递增。属于该类型的城市有合肥、芜湖、宣城、宜春、惠州、东莞、黔东南、黔南、常德。这类城市的 $\bar{Z}_t$ 拟合曲线表现为开口向上的二次曲线，如东莞的 $\bar{Z}_t$ 拟合曲线如图 4-8 所示，拟合方程为

$$\bar{Z}_t = 430.2946 - 79.1353t + 9.0464t^2,\ t = 1,\ 2,\ 3,\ \cdots 。\qquad (4-13)$$

其中，决定系数 $RR = 0.9330$，F 检验值 $= 34.8239$，P 值 $= 0.0012$。

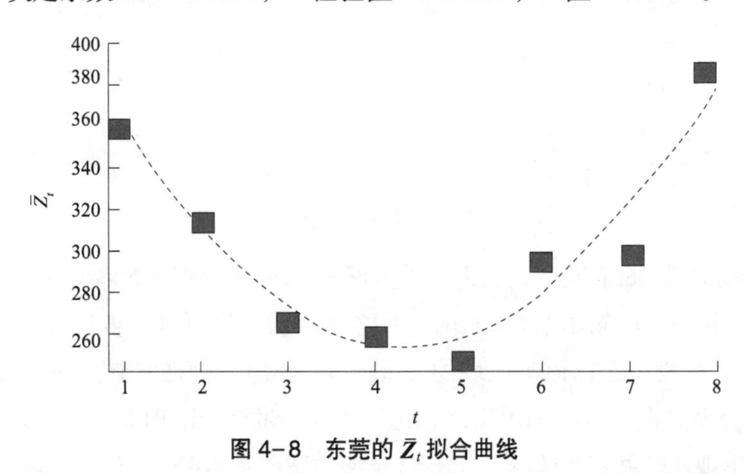

图 4-8　东莞的 $\bar{Z}_t$ 拟合曲线

不规则区：该类区域的火灾综合损失变化不规则，或者围绕均值上下震荡，或者个别年份出现跳跃性变化，共 15 个城市，按照偏离均值幅度（Z 值的变异系数）大小排列为黑河（0.39）、汕尾（0.31）、衡阳（0.27）、上饶（0.27）、宁德（0.24）、衡水（0.23）、普洱（0.20）、宜昌（0.18）、绵

阳（0.18）、益阳（0.18）、巢湖（0.17）、保定（0.16）、岳阳（0.16）、赣州（0.16）、宿迁（0.16）。黑河的 Z 值如图 4-9 所示。这些城市中有 60% 火灾综合损失曾进入 4 级区域，其他均曾进入 3 级区域，未来应该进一步加强消防监督管理，防止出现恶化趋势，以期逐步改善。

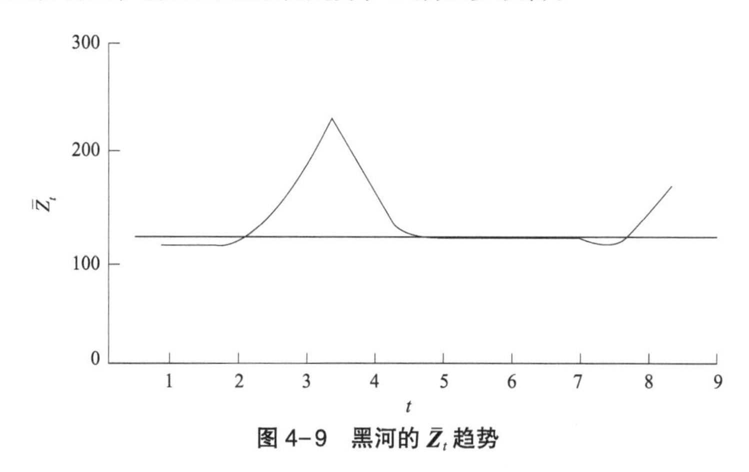

图 4-9 黑河的 $\bar{Z}_t$ 趋势

4.3 火灾综合损失的空间分布分析

4.3.1 社会经济的空间分布特征

近年来，中国经济蓬勃发展，但发展并不均衡。根据 2000 年和 2008 年全国各地的人均 GDP 分布，经济较为发达（人均 GDP 较高）的地区主要分布在东部沿海地区，2000—2008 年的人均 GDP 空间分布特征并没有太大变化。截至 2008 年，全国已经形成东北（哈大铁路沿线）经济聚集区、环渤海（京津鲁冀）经济聚集区、长三角经济聚集区、海峡西岸经济聚集区、珠三角经济聚集区，以郑州为中心的中部城市群、以长沙为中心的长株潭城市群也初具规模。另外值得注意的是，以榆林、鄂尔多斯为中心的陕北—内蒙古中部也出现了经济聚集，这得益于当地丰富的自然资源，以及由此发展起来的能源化工产业。规划中的以武汉为中心的长江中游城市群、以西安为中心的关中经济区、以重庆和成都为中心的成渝经济区、以郑州为中心的中原城市群、以长沙为中心的长株潭城市群还有待发展。

黑河—腾冲线以东除上述经济聚集区外的大部分地区，人均 GDP 仍然处于较低水平，特别是西南、华中的大部分地区，经济亟待发展。黑河—腾冲线以西地区由于缺失大部分单元的经济数据，而以该省的人均 GDP 代替，所以新疆等地的人均 GDP 显示中等程度，实际上西部地区除乌鲁木齐、兰州外的大部分地区，经济发展程度不高，仍属经济落后地区。

4.3.2 火灾经济比

综合考虑各研究单元的火灾综合损失和经济发展情况，定义 $\alpha = \frac{Z}{\overline{GDP}}$ 为火灾经济比，其中，Z 为火灾综合损失，$\overline{GDP}$ 为人均 GDP，以揭示火灾综合损失随经济发展状况的分布特征，代表单位人均 GDP 所产生的火灾综合损失。经计算，并用 Quantile 方法对其进行空间分类，火灾经济比从高到低可以分为 3 类，表示火灾安全、经济的协调发展程度，分别对应该年相对较高的（不协调）、中等的、较低的（协调发展）火灾经济比。2000 年各单元的火灾经济比平均值为 0.026，2008 年则降低到 0.0072，说明单位 GDP 所产生的火灾综合损失在 2000—2008 年大幅下降。

进一步观察，2000 年长三角地区大部分城市的火灾经济比已经处于较低水平，至 2008 年，东北、华北、华东大部分地区的火灾经济比都处于全国较低水平，而黑河—腾冲线以东的其他大部分地区火灾经济比仍然处于同期高位。

由前文得知，全国大部分地区在 2000—2009 年的火灾综合损失处于平稳区（41.5%）和改善区（40.9%），也就是说，总体火灾综合损失是下降的，而同期各地的经济都取得了很大的发展。火灾经济比的分布特征说明，经济越发达的地区，对火灾安全的要求越高，火灾与经济协调发展的程度就越高；经济落后的地区，对火灾安全的投入相对较低，火灾与经济协调发展的程度也较低，甚至表现出不协调的状况。

恶化区中除赤峰、呼和浩特、榆林、宝鸡、深圳、武汉等地外，火灾经济比均处于同期较高水平；同样，波动区的大部分城市 2008 年火灾经济比也处于较高水平。这说明大部分恶化区或波动区的单元，需要提高火灾安全要求，增强火灾安全与经济发展的协调程度。

4.3.3　火灾综合损失分布与 GDP 的关系

为便于统计分析，本部分我们以省域为研究单元。将各城市的火灾综合损失相加得出各省的火灾综合损失。计算结果表明，各省的火灾综合损失与其 GDP 密切相关。2000 年各省 GDP 与火灾综合损失的拟合曲线如图 4-10 所示。拟合方程为

$$y = 699.4747 + 0.347\,809x\ 。\tag{4-14}$$

其中，决定系数 $RR = 0.6612$，F 检验值 $= 56.6$，P 值 $= 0.0001$。

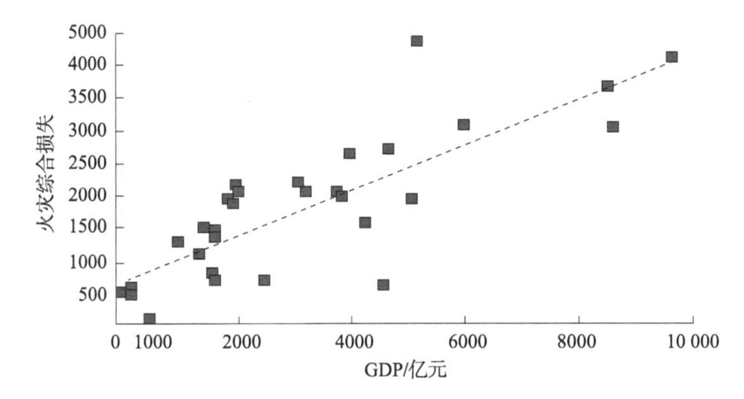

图 4-10　2000 年 GDP 与火灾综合损失拟合曲线

2008 年各省 GDP 与火灾综合损失的拟合曲线如图 4-11 所示。拟合方程为

$$y = 885.7482 + 0.051\,363x\ 。\tag{4-15}$$

其中，决定系数 $RR = 0.441$，F 检验值 $= 22.09$，P 值 $= 0.0001$。

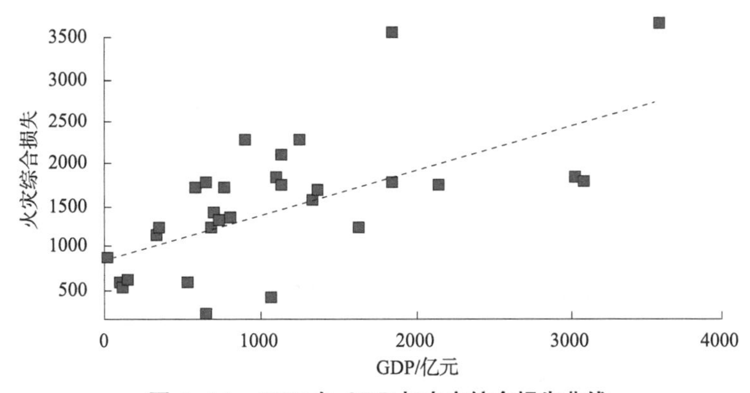

图 4-11　2008 年 GDP 与火灾综合损失曲线

以上结果说明，在空间分布上，GDP 与火灾综合损失为正相关，即 GDP 越高的地方其火灾综合损失就越高，这与国内大部分学者的研究结果是一致的。

4.3.4 火灾综合损失趋势分类的社会经济因子解释

火灾综合损失平稳区大部分位于黑河—腾冲线以西，虽然这些地区近年来由于西部大开发战略发展速度较快，但大部分得益于能源化工投资或大规模基础设施建设，而这些产业一般防火措施较为规范，对火灾综合损失变化总体影响较小。因此，黑河—腾冲线以西火灾综合损失变化较小，大部分属于平稳区。

火灾综合损失改善区大部分位于黑河—腾冲线以东，大部分地区经济发展速度较快（属于中速发展区），沿海地区经济发展水平已经较高，前期火灾综合损失较高，近年来随着“以人为本”观念的深入人心，消防安全投入逐年增加，火灾综合损失也随之降低。

将火灾综合损失恶化区、波动区的单元与经济发展速度分布进行叠加。经观察发现，恶化区沿东南沿海、淮河—大别山—雪峰山、黑河—腾冲沿线分布，这些地理特征带同时也是经济低速发展区的分布带。74%的火灾综合损失恶化区单元均对应低速发展区，例外情况仅发生在莆田、抚州、宝鸡、呼伦贝尔（以上对应中速发展区），以及榆林、呼和浩特、赤峰（以上对应高速发展区），而这些地区的主导产业大部分是能源化工产业，投资和产出值较高，其他工业、第三产业的发展水平还不高，对社会经济整体发展暂时还缺乏支撑。这说明，经济发展速度较低是火灾综合损失处于恶化区的重要原因。同样，64%的波动区单元均对应低速发展区。当经济发展速度较低时，电气设备的更新换代速度相应较低，电气设备老化，容易造成电气火灾事故上升，而电气火灾是火灾发生的重要原因之一（根据《2004中国火灾统计年鉴》，我国电气火灾起数占总起数的21%，直接经济损失占42%）；另外，经济发展速度较低，消防安全投入可能不足，也会造成火灾综合损失上升。

4.4 火灾综合损失的空间聚集分析

4.4.1 全局空间自相关分析对比

对各单元的人均GDP进行热点分析（全局空间自相关分析），得出2000年、2008年的人均GDP热点。经观察对比，2000—2008年人均GDP

热点分布范围变化不大，高值聚集区主要分布于华北、华东地区，在珠三角地区有局部分布。说明在华北、华东大部分地区，人均 GDP 高值分布比较集中；而华南地区，仅珠三角局部高值分布比较集中。

4.4.2　高值聚集区范围的变动趋势分析

从历年火灾综合损失空间自相关分析图来看，可以分为北方与南方两个高值聚集区，但两个区域表现出不同的变化趋势。

2000 年，北方高值聚集区系以天津为中心的环渤海地区（北至朝阳，西至邢台、邯郸，南至菏泽、日照），2001 年后逐渐北移至东北地区，其中，2001—2003 年在环渤海地区还有分布，2004—2006 年则大部分移至东北境内。2007 年北方高值聚集区则仅剩朝阳、葫芦岛、锡林郭勒，2008 年北方高值聚集区完全消失，但在新疆却出现了新的高值聚集区，2009 年北方高值聚集区则又出现在朝阳、赤峰、承德、乌兰察布、锡林郭勒、张家口、大同、朔州一带。总体上，北方高值聚集区的范围呈逐年缩小趋势，特别是在 2007 年之后，高值聚集区仅存在于数个城市，说明北方地区部分城市火灾综合损失降低，已经很少存在大片的高值聚集区，倾向于均匀、随机分布，也说明北方地区火灾综合损失空间相关性逐年减弱，整体呈分散趋势。北方高值聚集区所含城市数量进行 3 点滑动平均后，呈现良好的线性递减关系，如图 4-12 所示。拟合方程为

$$X = 38.4167 - 3.7222\,t\text{。} \tag{4-16}$$

其中，决定系数 $RR = 0.9639$，F 检验值 $= 89.0591$，P 值 $= 0.0001$。

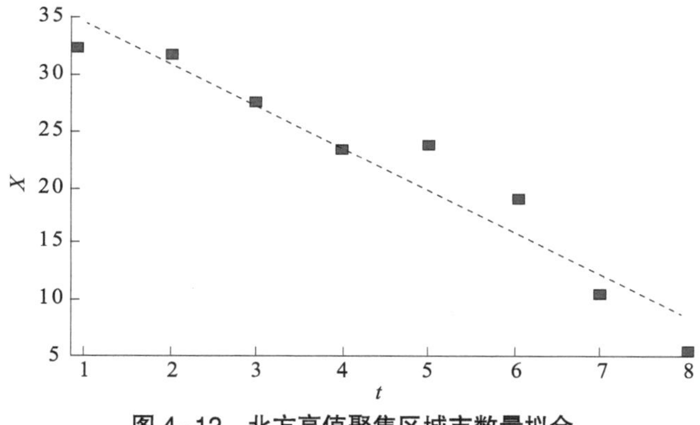

图 4-12　北方高值聚集区城市数量拟合

南方高值聚集区主要存在于华东地区，粤东地区在部分年份有零星分布。2003 年南方高值聚集区的范围最大，北至连云港，西至池州上饶，南至惠州、汕尾，华东地区与粤东地区的高值聚集区连为一体，其他年份的高值聚集区基本在此范围内变动。

南方高值聚集区所含城市数量进行 3 点滑动平均后，符合二次曲线模型，如图 4-13 所示。南方高值聚集区在 2003 年后范围逐渐缩小，反映南方火灾综合损失的高值聚集趋势从 2000—2003 年空间聚集加强，2003 年后开始削弱，逐渐转向均匀、随机的分布状态。拟合方程为

$$X=34.1548+3.2619t-0.6111t^2。\tag{4-17}$$

其中，决定系数 $RR=0.9420$，F 检验值 $=40.5881$，P 值 $=0.0008$。

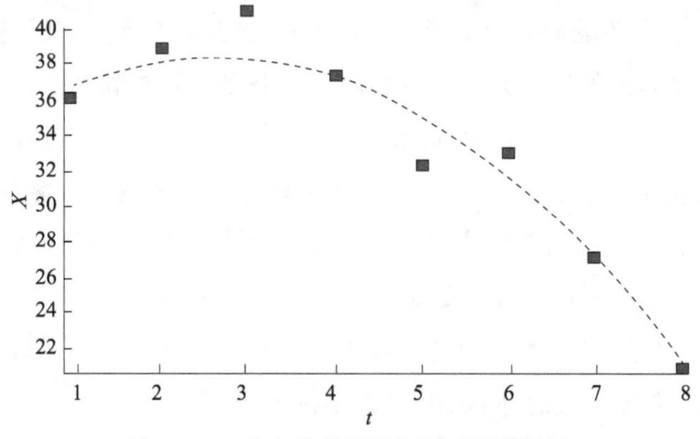

图 4-13　南方高值聚集区城市数量拟合

进行比对分析，可知火灾综合损失北方高值聚集区与人均 GDP 高值居聚集区并不重合，即人均 GDP 分布不是引起火灾综合损失北方高值聚集区的主要原因。而火灾综合损失南方高值聚集区与人均 GDP 高值聚集区分布重合度较高，可以说人均 GDP 高值聚集分布是引起火灾综合损失南方高值聚集现象的重要原因。同时，珠三角地区人均 GDP 仅有局部高值分布，这与火灾综合损失在该地区的高值聚集现象一致。也就是说，由于珠三角地区不存在大范围的人均 GDP 高值聚集现象，因此火灾综合损失也未发生明显的高值聚集。

4.4.3　南方高值聚集区的质心运动

2000—2009 年，中国南方高值聚集区中心则在湖州与南平之间来回移动，如表 4-6 所示。其质心经纬度变化如图 4-14 和图 4-15 所示。

表 4-6　2000—2009 年南方高值聚集区中心

年份	2000	2001	2002	2003	2004	2005	2006	2007	2008	2009
高值聚集区质心	湖州	衢州	湖州	衢州	丽水	绍兴	杭州	南平	金华	金华

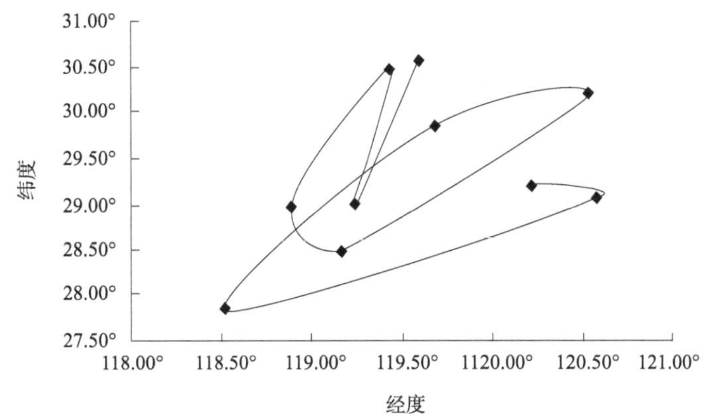

图 4-14　南方高值聚集区质心变化

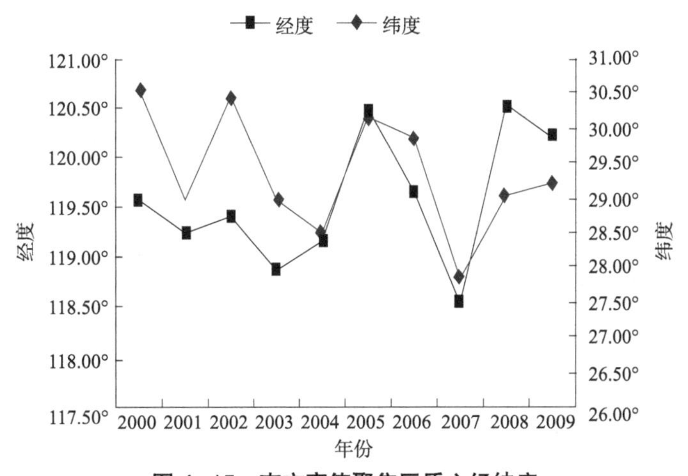

图 4-15　南方高值聚集区质心经纬度

南方高值区在 2005 年分裂为两个聚集区，中心点分别为绍兴、梅州。2009 年同样分裂为两个聚集区，中心点在金华、梅州。可见，中国南方高值聚集区质心位置在南北向、东西向可能存在 2 ~ 3 年的周期性移动趋势。从中国南方高值聚集区区域数量统计图表（图 4-16）分析，也可能存在 2 年的变换周期。

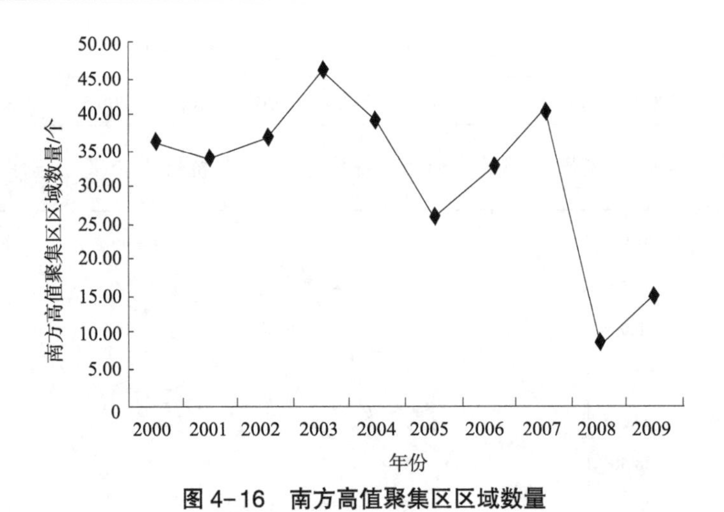

图 4-16　南方高值聚集区区域数量

4.5　火灾综合损失与社会经济因子的相关性分析

4.5.1　社会经济因子选取

使用线性相关分析法，对各单元历年的各项社会经济因子与火灾综合损失进行相关性分析。若相关系数 $k > 0.3$，则称该社会经济因子与火灾综合损失正相关，即随着该社会经济因子的增长，将促使火灾综合损失恶化；若 $k < -0.3$，则称该社会经济因子与火灾综合损失负相关，即随着该社会经济因子的增长，将促使火灾综合损失改善；若 $-0.3 \leqslant k \leqslant 0.3$，则称该社会经济因子与火灾综合损失不相关或相关性不显著，即该社会经济因子的变化对火灾综合损失没影响或影响不显著。

我们选取经济发展水平、就业状况、收入水平、教育程度、人员和物资交流程度等方面的因子作为社会经济的衡量因子。经济发展水平采用人均 GDP（x_1）指标；就业状况方面的代表性指标选择私营和个体从业者总数（x_2）、失业登记总数（x_3）；选择在岗职工平均工资（x_4）代表收入水平因子；选择大中小学教师总数（x_5）代表教育程度因子；选择客运总量（x_6）、货运总量（x_7）分别代表人员、物资的交流频度。

各指标与火灾综合损失相关性的计算结果如表 4-7 所示（拉萨、阿克苏地区部分社会经济指标数据缺失）。

表 4-7　各社会经济指标和火灾综合损失相关性的分析结果统计

	正相关		负相关		不相关	
	单元数 / 个	占比	单元数 / 个	占比	单元数 / 个	占比
x_1	45	15.73%	166	58.04%	75	26.22%
x_2	46	16.20%	135	47.54%	103	36.27%
x_3	67	23.59%	103	36.27%	114	40.14%
x_4	43	15.14%	168	59.15%	73	25.70%
x_5	77	27.11%	111	39.08%	96	33.80%
x_6	50	17.61%	139	48.94%	95	33.45%
x_7	50	17.61%	137	48.24%	97	34.15%

4.5.2　火灾与经济发展的关系

一般说来，经济越发达的地方，人们的火灾安全意识越强，火灾安全投入越高，火灾形势趋向于改善。但我国目前社会经济正处于转型期，个别地方片面追求发展，而忽略或轻视了火灾安全的投入，使得经济虽然发展了，但火灾安全形势趋向于恶化。

经统计，286 个研究单元中，有 15.73% 的研究单元人均 GDP 与火灾综合损失为正相关，主要分布于黑河—腾冲线及淮河—大别山—雪峰山沿线，且与火灾综合损失恶化区高度重叠，除中心城市外大部分地区人均 GDP 都比较低，属于经济欠发达地区。有 58.04% 的研究单元人均 GDP 与火灾综合损失为负相关，这说明中国绝大部分地区社会经济与火灾安全能够协调发展，出现冲突的地区主要是经济发展水平较低的地区，随着社会经济的发展，冲突程度将逐步削弱和扭转。

4.5.3　火灾与社会就业的关系

在现阶段，由于民营经济尚处于起步阶段，特别是对于私营和个体从业者，发展和生存为第一要务，因此在火灾安全投入上的力度就有些不足，容易诱发火灾的发生。有 16.20% 的单元私营和个体从业者数量与火灾综合损失呈正相关，主要分布于湘鄂赣、晋陕蒙交界处及鲁西地区等处，表明这些地方私营和个体从业者的消防安全意识需要加强。47.54% 的研究单元私营和个体从业者数量与火灾综合损失呈负相关，主要分布于华北、华东的大部分地区，表明这些地方的火灾安全防空措施得力，个体经济发展与防火减灾任务得以协调发展。

失业登记总数能够总体上反映一个地方的就业状况，一般来说，失业人员处于社会底层，失业率比较高，则社会处于不安定状态，人为放火等极端事件可能会增加，火灾安全形势将趋向于严重。人们有了安定的工作，就需要安全的生活环境，相应的火灾安全也会得以保障。

有 23.59% 的研究单元失业登记总数与火灾综合损失呈正相关，在 7 个社会经济因子中占比较高，说明失业登记总数对火灾综合损失的影响非常显著。这些呈正相关的单元主要分布在东北地区，黑河—腾冲线附近的内蒙古、陕西、四川等地，以及淮河—大别山—雪峰山沿线的安徽、湖北、湖南、广西等地，这些地方需要加强就业指导，增加就业机会，使得低收入者能够有稳定的生活来源，社会经济、火灾安全才能够协调发展。有 36.27% 的研究单元失业登记总数与火灾综合损失呈负相关，在几个社会经济因子的负相关占比最小，主要分布于华北地区，该地区对社会稳定重视程度较高，失业率较低。这说明失业率主要体现为促使火灾综合损失升高，当失业率较低时，其对火灾综合损失也有改善作用。

4.5.4 火灾与人民收入的关系

当人民收入水平较高时，对人身安全的需求也将随之上升。但在社会发展的一定阶段，收入差距扩大，社会两极分化，虽然总体上人民收入水平也在上升，但掩盖了各地内部的收入差距，仍然可能导致火灾综合损失恶化。

有 15.14% 的研究单元在岗职工平均工资与火灾综合损失正相关，这些单元主要分布在湖北、陕西、内蒙古中部等地，经济发展速度较低，大部分人收入增长缓慢；陕北、内蒙古中部经济发展速度（人均 GDP）虽快，但主要是能源化工产业，普通民众分享经济发展成果还需要加强。有 59.15% 的研究单元在岗职工平均工资与火灾综合损失呈负相关，为各社会经济因子的最高值，主要分布在东北、华北、华东的大部分地区。这说明，增加人民收入是改善火灾安全水平的最根本措施，同时要缩小收入差距，避免社会两极分化，火灾安全才能持续改善。

4.5.5　火灾与教育水平的关系

一个地方的教育水平越高、人口素质越高，人们对火灾的危害性就越有清醒的认识，平时生活中也易于养成良好的生活习惯，风险意识越强，越重视环境安全，从而防止火灾的发生；并且在火灾发生后，越能够采取正确的措施，避免人员伤亡，降低火灾损失。通常研究人员采用大专及以上人口数量衡量教育水平，但统计年鉴中很多单元没有这项数据，因此我们采用大中小学教师总数来衡量教育水平。

据统计，有 27.11% 的研究单元大中小学教师总数与火灾综合损失呈正相关，为各社会经济因子正相关占比的最高值。这些单元主要分布于东北地区、黑河—腾冲沿线部分地区、福建、江西、广西等地，这些地方一般教育水平相对较低，教育水平对火灾综合损失的促进作用未能充分体现。有 39.08% 的研究单元大中小学教师总数与火灾综合损失呈负相关，这些单元主要分布于华北、华东的部分地区，这些地区普遍对教育比较重视，人们受教育程度较高，教育水平对火灾综合损失的遏制得以体现。总体上，现阶段教育水平与火灾综合损失正相关性较高，这与近年来教育投入滞后有关；另外，有些地方片面追求经济发展，“读书无用论”颇有市场，民众受教育水平不高，未来需要进一步加强教育、提高人口素质、普及消防安全知识。

4.5.6　火灾与社会交流的关系

客运总量能够反映人员交流的频繁程度，人员交流越频繁，流动人口数量（包括流出人口、流入人口）也就越多。分析结果显示，有 17.61% 的研究单元客运总量与火灾综合损失呈正相关，这些单元主要分布在内蒙古中部，四川、陕西部分地区，湖北中部等处，这些地方大多属于人口流出区域；此外，在东部沿海的上海、福州、深圳，以及北京等地，客运总量也与火灾综合损失呈正相关，这些地方均属于人口流入区域。流动人口的管理一直是个社会难题，流动人口的火灾安全教育更需要加强。货运总量反映该地物资交流的频繁程度，货运总量越高，一般可燃物资越多，火灾造成的损失也将越大；与客运总量相同，有 17.61% 的研究单元货运总量与火灾综合损失呈正相关，主要分布于内蒙古、陕西、四川、湖北，以及东部的北京、上海、深圳等地。

此外，分别有 48.94%、48.24% 的研究单元客运总量、货运总量与火灾综合损失呈负相关，主要分布于华北、华东的大部分地区。此时，客运总量升高主要体现为对人才或劳动力的需求增加，或者商务活动的增加；货运总量升高主要体现为工业品产销两旺。客运总量与货运总量同为衡量经济活力的重要因子，经济活力越强，对火灾安全的要求就越高，能够在消防安全上的投入也就越多，火灾综合损失得以改善。

4.6 火灾综合损失的规模结构分形特征

4.6.1 分形理论及方法

4.6.1.1 分形理论基本概念

1967 年，Mandelbrot 在《科学》杂志上发表了题为《英国的海岸线有多长？统计自相似和分数维度》（“How Long Is the Coast of Britain? Statistical Self-Similarity and Fractional Dimension”）的著名论文。海岸线作为曲线，其特征是极不规则、极不光滑的，呈现极其蜿蜒复杂的变化。我们不能从形状和结构上区分这部分海岸与那部分海岸有什么本质的不同，这种几乎同样程度的不规则性和复杂性，说明海岸线在形貌上是自相似的，也就是局部形态和整体形态的相似。在没有建筑物或其他东西作为参照物时，在空中拍摄的 100 千米长的海岸线与放大了的 10 千米长海岸线的两张照片，看上去会十分相似。事实上，具有自相似性的形态广泛存在于自然界中，Mandelbrot 把这些部分与整体以某种方式相似的形体称为分形。并于 1975 年创立了分形几何学（Fractal Geometry）。在此基础上，形成了研究分形性质及其应用的科学，称为分形理论。

1986 年，Mandelbrot 定义分形为局部和整体以某种方式相似的图形（A fractal is a shape made of parts similar to the whole in some way）。

分形集的定义如下：设几何 $F \ni R^n$ 的 Hausdorff 维度是 D，如果 F 的 Hausdorff 维度 D 严格大于其拓扑维度，我们称 F 为分形集。

分形一般有以下特质：

在任意小的尺度上都能有精细的结构；太不规则，以至难以用传统欧氏几何的语言描述；至少是大略或任意的自相似 Hausdorff 维度会大于拓扑维数（但在空间填充曲线如希尔伯特曲线中例外）；有着简单的递归定义。

①分形集都具有任意小尺度下的比例细节，或者说它具有精细的结构。

②分形集不能用传统欧式几何的语言来描述，它既不是满足某些条件的点的轨迹，也不是某些简单方程的解集。

③分形集具有某种自相似形式，可能是近似的自相似或统计的自相似。

④分形集的“分形维数”一般严格大于它相应的拓扑维数。

⑤在大多数令人感兴趣的情形下，分形集由非常简单的方法定义，可能以变换的迭代产生。

4.6.1.2　分形的自相似性

分形具有“粗糙和自相似”的直观特点。一个系统的自相似性是指某种结构或过程的特征从不同的空间尺度或时间尺度来看都是相似的，或者某系统或结构的局域性质或局域结构与整体类似。另外，在整体与整体之间或部分与部分之间，也会存在自相似性。一般情况下，自相似性有比较复杂的表现形式，而不是局域放大一定倍数以后简单地和整体完全重合。

一棵大树由许多树枝和树叶组成，若把一根树枝与该棵大树相比，在构成形式上完全相似。又会发现，该树枝上分叉长出来更小的细枝条，仍具有大树构成的特点。当然，这只能是在一定尺度上呈现相似性，不会无限扩展下去。另外，树枝与树枝之间、树叶与树叶之间也呈现出明显的自相似性，再仔细观察树叶的叶脉，也可以发现类似的自相似结构。

由上文我们可以看到，自然界的分形，其自相似性并不是严格的，而是在统计意义下的自相似性，海岸线也是其中一个例子。凡是满足统计自相似性的分形称之为无规分形。另外，还有所谓有规分形，这类分形由于是按一定数学法则呈现的，因此具有严格的自相似性。所谓 Koch 曲线，就属于有规分形，如图 4-17 所示。

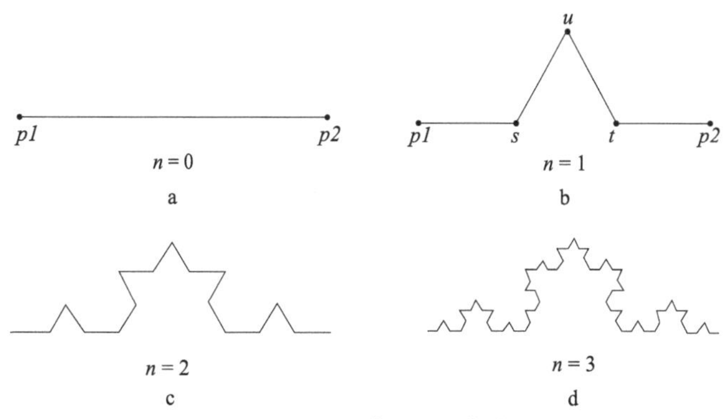

图 4-17　三次 Koch 曲线

它的生成方法是把一条直线等分成三段，将中间一段用夹角为60° 的二条等长的折线来代替，形成一个生成单元，如图4-17b所示。然后把每一条直线段用生成单元进行代替，经过无穷多次迭代后就呈现出一条无穷多弯曲的Koch曲线，用它来模拟自然界中的海岸线是相当理想的。

4.6.1.3 分形的标度不变性

所谓标度不变性，是指在分形上任选一个局部区域，对它进行放大，这时得到的放大图形又会显示出原图的形态特性。因此，对于分形，无论将其放大或缩小，它的形态、复杂程度、不规则性等各种特点均不会变化，所以标度不变性又称为伸缩对称性。通俗一点说，如果用放大镜来观察一个分形，不管放大倍数如何变化，看到的情形是一样的，从观察到的图像无法判断所用放大镜的倍数。

所以，具有自相似特性的物体（系统）必定满足标度不变性，或者说这类物体设有特性长度。上面介绍的Koch曲线是具有严格自相似性的有规分形，无论将它放大与缩小多少倍，它的基本几何特性都保持不变，很显然，它具有标度不变性。

4.6.1.4 分形的维数测算

维数是几何对象的一个重要特征量，传统的欧氏几何学研究立方体等非常规整的几何形体。按照传统欧式几何学的描述，点是零维，线是一维，面是二维，体是三维。但仔细观看，对于大自然用分型维数来描述可能会更接近实际。

（1）拓扑维数

一个几何对象的拓扑维数等于确定其中一个点的位置所需要的独立坐标数目。

对于一个二维几何体——边长为单位长度的正方形，若用尺度 $r=1/2$ 的小正方形去分割，则覆盖它所需要的小正方形数目 $N(r)$ 和尺度 r 满足如下关系式：

$$N(\frac{1}{2})=4=\frac{1}{(\frac{1}{2})^2},$$

若 $r=1/4$，则

$$N(\frac{1}{4})=16=\frac{1}{(\frac{1}{4})^2},$$

当 $r=1/k$（$k=1$，2，3，…）时，则

$$N\left(\frac{1}{k}\right)=k^2=\frac{1}{\left(\frac{1}{k}\right)^2}。\tag{4-18}$$

一般地，如果用尺度为 r 的小盒子覆盖一个 d 维的几何对象，则覆盖它所需要的小盒子数目 $N(r)$ 和所用尺度 r 的关系为 $N(r)=\frac{1}{r^d}$，变形得

$$d=\frac{\ln N(r)}{\ln(1/r)},\tag{4-19}$$

定义为拓扑维数。

（2）Hausdorff 维数

几何对象的拓扑维数为整数。因此，对于分形几何对象，需要将拓扑维数的定义推广到分形维数，因为分形本身就是一种极限图形，可以得出分形维数的定义：

$$D_0=\lim_{r\to 0}\frac{\ln N(r)}{\ln(1/r)},\tag{4-20}$$

上式就是 Hausdorff 维数，通常也简称为分维。拓扑维数是分维的一种特例，分维 D_0 大于拓扑维数而小于分形所位于的空间维数。

（3）信息维数

如果将每一个小盒子编上号，并记分形中的部分落入第 i 个小盒子的概率为 P_i，那么用尺度为 r 的小盒子所测算的平均信息量为

$$I=-\sum_{i=1}^{N(r)}P_i\ln P_i,\tag{4-21}$$

若用信息量 I 取代小盒子数 $N(r)$ 的对数就可以得到信息维 D_1 的定义：

$$D_1=\lim_{r\to 0}\frac{-\sum_{i=1}^{N(r)}P_i\ln P_i}{\ln(1/r)}。\tag{4-22}$$

如果把信息维看作 Hausdorff 维数的一种推广，那么 Hausdorff 维数应该看作一种特殊情形而被信息维的定义所包括。对于一种均匀分布的分形，可以假设分形中的部分落入每个小盒子的概率相同，即 $P_i=\frac{1}{N}$，则有

$$D_1=\lim_{r\to 0}\frac{-\sum_{i=1}^{N}\frac{1}{N}\ln\frac{1}{N}}{\ln(1/r)}=\lim_{r\to 0}\frac{\ln N}{\ln(1/r)}\text{。} \tag{4-23}$$

可见，在均匀分布的情况下，信息维数 D_1 和 Hausdorff 维数 D_0 相等。在非均匀情形下，$D_1 < D_0$。

（4）关联维数

空间的概念早已突破 3 维空间的限制，如相空间，系统有多少个状态变量，它的相空间就有多少维，甚至是无穷维。相空间突出的优点是，可以通过它来观察系统演化的全过程及其最后的归宿。对于耗散系统，相空间要发生收缩，也就是说，系统演化的结局最终要归结到子空间上，这个子空间的维数即所谓的关联维数。

分形集合中每一个状态变量随时间的变化都是由与之相互作用、相互联系的其他状态变量共同作用而产生的。为了重构一个等价的状态空间，只要考虑其中的一个状态变量的时间演化序列，然后按某种方法就可以构建新维。如果有一个等间隔的时间序列为 $\{x_1, x_2, x_3, \cdots, x_i, \cdots\}$，就可以用这些数据支起一个 m 维子相空间。方法是，首先取前 m 个数据 x_1，x_2，…，x_m，由它们在 m 维空间中确定出第一个点，把它记作 X_1。然后去掉 x_1，再依次取 m 个数据 x_2，x_3，…，x_{m+1}，由这组数据在 m 维空间中构成第二个点，记为 X_2。这样，依次可以构造一系列相点：

$$\begin{cases} X_1:(x_1, x_2, \cdots, x_m) \\ X_2:(x_2, x_3, \cdots, x_{m+1}) \\ X_3:(x_3, x_4, \cdots, x_{mm+2})\text{。} \\ X_4:(x_4, x_5, \cdots, x_{mm+3}) \\ \vdots \qquad\qquad\qquad \vdots \end{cases} \tag{4-24}$$

把相点 X_1，X_2，…，X_i，…，依次连起来就是一条轨线。因为点与点之间的距离越近，相互关联的程度越高。设由时间序列在 m 维相空间共生成 N 个相点 X_1，X_2，…，X_N，给定一个数 r，检查有多少个点对（X_i，X_j）之间的距离 $|X_i - X_j|$ 小于 r，把距离小于 r 的点对数占总点对数的比例记作 $C(r)$：

$$C(r)=\frac{1}{N^2}\sum_{\substack{i,j=1\\i\neq j}}^{N}\theta(r-|X_i-X_j|)。\tag{4-25}$$

其中，$\theta(x)=\begin{cases}1, & x>0\\0 & x<0\end{cases}$ 为 Heaviside 阶跃函数。

若 r 取得太大，所有点对的距离都不会超过它，即 $C(r)=1$，$\ln C(r)=0$，测量不出相点之间的关联。适当缩小测量尺度 r，可能在 r 的一段区间内有

$$C(r)\propto r^D。\tag{4-26}$$

如果这个关系存在，D 就是一种维数，把它称为关联维数，用 D_2 表示：

$$D_2=\lim_{r\to 0}\frac{\ln C(r)}{\ln r}。\tag{4-27}$$

（5）标度律与多重分形

分形的基本属性是自相似性。表现为，当把尺度 r 变换为 λr 时，其自相似结构不变，只不过是原来的放大和缩小，λ 称为标度因子，这种尺度变换的不变性也称为标度不变性，是分形的一个普适规律，有

$$N(\lambda r)=\frac{1}{(\lambda r)^{D_0}}=\lambda^{-D_0}N(r)。\tag{4-28}$$

海岸线分形，如果考虑其长度随测量尺度的变化：

$$L(\lambda r)=\lambda rN(\lambda r)=\lambda^{-D_0}r\cdot N(r)=\lambda^{\alpha}L(r)。\tag{4-29}$$

其中，$\alpha=1-D_0$ 为标度指数。上式表明，把用尺度 r 测量的分形长度 $L(r)$ 再缩小（或放大）λ^{α} 倍就和用缩小（或放大）了的尺度 λr 测量的长度相等。最重要的是这种关系具有普适性，究竟普适到什么程度是由标度指数 α 来分类的，这称为普适类，具有相同 α 的分形属于同一普适类，同一普适类的分形也具有相同的分维 D_0。

一般情况下，可以把标度律写为 $f(\lambda r)=\lambda^{\alpha}f(r)$，$f$ 是某一被标度的物理量，标度指数 α 与分维 D_0 之间存在着简单的代数关系 $\alpha=d-D_0$，d 为拓扑维数。

4.6.2　长三角地区火灾综合损失的分形特征

一个城市群中火灾特征分布具有自相似性，即满足分形的特征。对于一个区域的城市群若给定一个火灾综合损失 r 去度量，则火灾综合损失大于 r 的城市数 $N(r)$ 与 r 的关系满足：

$$\begin{cases} N(r) \propto r^{-D} \\ \ln N(r) = A - D\ln r \end{cases} 。 \quad (4-30)$$

以长三角地区为例，采用 2004 年该地区 24 个城市的火灾综合损失计算结果，模拟的结果如表 4-8 所示。

表 4-8　长三角地区火灾综合损失分形特征

尺度 r	城市数 N	$\ln r$	$\ln N(r)$
＞80	24	4.38	3.18
＞100	22	4.61	3.09
＞120	19	4.79	2.94
＞140	12	4.94	2.48
＞160	10	5.08	2.30
＞180	8	5.19	2.08
＞200	4	5.30	1.39
＞220	3	5.39	1.10

按公式（4-30），对 $\ln r$ 和 $\ln N(r)$ 进行曲线拟合，求解 D。拟合图形如图 4-18 所示，拟合方程为

$$\ln N(r) = 12.6069 - 2.0740\ln r 。 \quad (4-31)$$

其中，决定系数 $RR = 0.8873$，F 检验值 $= 47.2382$，P 值 $= 0.0005$。

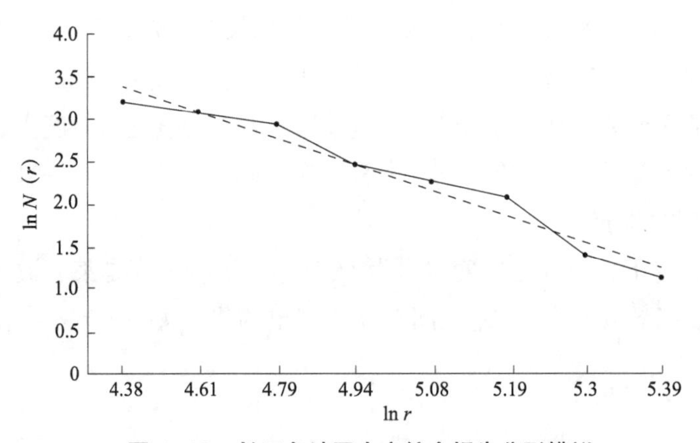

图 4-18　长三角地区火灾综合损失分形模拟

按公式（4-31），维数 $D = 2.0740$，说明长三角地区火灾综合损失的分布比较均匀，这与实际情况相符。城市群内部经济水平、气候特征、生活习惯等比较类似，火灾综合损失也比较集中。

更进一步，将不同城市群的火灾综合损失分形维数相比较，维数 D 越大，

则城市群内火灾综合损失越均匀；维数 D 越小，则城市群内火灾综合损失越分散。将同一城市群不同时期的火灾综合损失分形维数相比较，维数 D 越大，说明城市群内火灾综合损失趋同；维数 D 越小，说明城市群内火灾综合损失趋异。

4.7　火灾综合损失的 R/S 分析法

4.7.1　原理及方法

R/S（重标极差）分析法通常用来分析时间序列的分形特征和长期记忆过程。英国水文学家赫斯特（Hurst）在 1951 年研究尼罗河水库水流量和贮存能力关系时发现，用有偏的随机游走（分形布朗运动）能够更好地描述水库的长期贮存能力，并在此基础上提出了基于 R/S 分析法来建立 Hurst 指数，作为判断时间序列数据遵从随机游走还是有偏随机游走过程的指标。

所谓有偏的随机游走过程（分形布朗运动），是区别于随机游走过程（布朗运动）的时间序列数据形态。随机游走过程对应于金融市场上的有效市场假说，即股票价格完全反映市场上的所有信息，包括历史信息、基本面信息与内幕消息，股票价格的运动过程遵从鞅过程；而有偏的随机游走过程中，金融时间序列数据存在一定的规律，即记忆性。

后来，它被用在各种时间序列的分析之中。曼德尔布罗特（Mandelbrot）在 1972 年将 R/S 分析应用于美国证券市场，分析股票收益的变化；彼得斯（Peters）把这种方法作为其分形市场假说最重要的研究工具进行了详细的讨论和发展，并做了很多实证研究。

Hurst 指数有 3 种形式：

①如果 $H=0.5$，表明时间序列是白噪声、无记忆性，可以用随机游走过程来描述。

②如果 $0.5<H\leqslant 1$，表明时间序列是黑噪声，即时间序列具有持续性，暗示长期记忆的时间序列。H 越接近 1，持续性越强。如果 $H=1$，则时间序列为直线，历史可以完全预测未来。

③如果 $0\leqslant H<0.5$，表明时间序列是粉红噪声，即时间序列具有反持续性，暗示时间序列具有均值回复过程。H 越接近 0，反持续性越强。

R/S 分析方法的基本内容是：对于一个时间序列，把它分为 A 个长度为 n 的等长子区间，如第 a 个子区间（a=1，2，…，A）。假设

$$X_{t,a}=\sum_{u=1}^{t}(x_{u,a}-M_a),\ t=1,2,\cdots,n。\tag{4-32}$$

其中，M_a 为第 a 个区间内 x 的平均值，$X_{t,a}$ 为第 a 个区间内第 t 个元素的累计离差，令极差

$$R_a=\max(X_{t,a})-\min(X_{t,a}),\tag{4-33}$$

若以 S_a 为第 a 个区间的样本标准差，则可定义重标极差 R/S，把所有 A 个这样的重标极差平均计算得到均值：

$$(R/S)n=\frac{1}{A}\sum_{a=1}^{A}R_a/S_a,\tag{4-34}$$

而子区间长度 n 是可变的，不同的分段情况对应不同的 R/S。赫斯特通过对尼罗河水文数据长时间的实践总结，建立如下关系：

$$(R/S)_n=Kn^H。\tag{4-35}$$

其中，K 为常数，H 为相应的 Hurst 指数，将上式两边取对数得

$$\ln(R/S)_n=\ln(K)+H\ln n,\tag{4-36}$$

对 $\ln n$ 和 $\ln(R/S)$ 进行最小二乘法回归分析，即可计算出 H 的近似值。

4.7.2 上海市的 Hurst 指数

根据以上计算步骤，以上海市历年火灾综合损失为例，进行 R/S 分析，计算 Hurst 指数，过程如表 4-9 所示。

表 4-9 上海市 Hurst 指数计算

t	R	S	R/S	$\ln n$	$\ln(R/S)$
2	26.83	13.42	2.00	0.69	−0.69
3	52.44	21.41	2.45	1.10	−0.90
4	131.54	49.15	2.68	1.39	−0.98
5	131.54	50.50	2.60	1.61	−0.96
6	160.93	58.31	2.76	1.79	−1.02
7	182.84	64.67	2.83	1.95	−1.04

参考公式（4-36），进行最小二乘法回归分析，可得：

$$\ln(R/S) = -0.569\,325 - 0.254\,468\ln n。\tag{4-37}$$

其中，决定系数 $RR = 0.8747$，F 检验值 $= 27.9239$，P 值 $= 0.0062$。

可以看出，上海市火灾综合损失的 H 值仅为 0.25，小于 0.5，说明上海市的火灾综合损失时间序列虽具有长期相关性，但将来的总趋势与过去相反，前文的火灾综合损失时间序列趋势分析中，上海市为恶化区且恶化的速率最快。由于 H 越接近 0，反持续性越强，这预示着上海市火灾综合损失时间序列具有反持续性，在未来某一时刻将有均值回复过程，即上海市火灾综合损失在 2009 年以前的数年中虽然仍在增加，但在未来火灾综合损失将有所减少，出现改善趋势。

进一步地，计算不同城市的 Hurst 指数，则可以在前文时间序列趋势分析的基础上，定量地分析火灾综合损失未来的变化趋势。

第五章　火灾致灾因子的时间差异性分析

从前文得知，中国火灾空间分布北高南低、东高西低，这与中国气温、湿度分布北低南高、经济水平东高西低的空间分布趋势一致，因此，推测火灾分布可能与经济分布、气候分布相关，并初步分析了经济发展、气候变化对火灾变化的影响与机制。火灾变化、气候变化、经济发展构成了一个复合的连续动态系统，系统中各因素均在不断变化，当某一因素发生变化后，对其他因子会发生怎样的动态影响，用传统的线性回归方程无法反映。本章从全国尺度、省域尺度（以江苏为代表）、市域尺度（以重庆为代表），建立 VEC 模型，分析经济发展、气候变化对火灾变化的时间动态影响，即经济发展、气候变化与火灾变化是否具有因果关系和长期均衡关系；经济因子、气候因子的短期冲击对火灾变化将产生何种影响；经济因子、气候因子对火灾变化的贡献度有多大等。本章使用 EViews 6.0 进行数据处理与模型设定分析。本章的 Granger 因果检验、向量自回归模型、协整理论、向量误差修正模型以及脉冲响应理论、方差分解等技术理论方法均参考了相关文献（高铁梅，2009；张晓彤，2000）。

5.1　研究区域与数据处理

本章从全国、省域、市域 3 个尺度分析经济发展、气候变化与火灾变化的因果关系与均衡关系，并进一步分析火灾宏观变化时间动态。

5.1.1　研究区概况

省域尺度选择江苏省作为代表，市域尺度选择重庆市作为案例进行研究。

江苏位于中国大陆东部沿海中心，介于东经 116° 18′ ~ 121° 57′，北纬 30° 45′ ~ 35° 20′，全省面积 10.26 万平方千米，总人口 7438 万人，人口密度为 725 人 / 平方千米（百度百科，2012a）。江苏处于亚热带向暖温带的过渡区，气候温和，雨量适中，四季分明，年平均气温 13 ~ 16 ℃，年降雨量 1000 毫米左右。江苏经济较为发达，2009 年人均 GDP 达 44 744 元。江苏火灾变化趋势分类主要为改善区，火灾发生率整体呈下降趋势。江苏火灾发生率相关性分类为经济负相关区，表明随着经济发展，火灾态势同步改善。2000—2009 年江苏平均火灾发生率为 16.85 起 /10 万人，火灾发生率较高。

重庆位于中国内陆西南部、长江上游，四川盆地东部边缘，地跨东经 105° 11′ ~ 110° 11′、北纬 28° 10′ ~ 32° 13′。重庆气候温和，属亚热带季风性湿润气候，年平均气温在 18 ℃左右，冬季最低气温平均在 6 ~ 8 ℃，夏季炎热，7 月最高气温均在 35 ℃以上（百度百科，2012b）。重庆经济发展水平处于全国中游，2009 年人均 GDP 达 22 920 元。重庆火灾变化趋势分类为恶化区，火灾发生率整体呈上升趋势。重庆火灾发生率相关性分类为湿度负相关，表明随着湿度降低，火灾发生率同步上升。2000—2009 年重庆平均火灾发生率为 19.85 起 /10 万人，火灾发生率较高。

5.1.2　数据来源及处理

在全国尺度，采用火灾发生率代表火灾因子，年平均气温、年平均相对湿度代表气候因子，全国人均 GDP 代表经济因子，数据时段为 1997—2009 年。2000 年前的火灾数据来自《2000 中国火灾统计年鉴》，2000—2009 年的火灾数据来自各年度的《中国火灾统计年鉴》；各年度的全国人均 GDP 数据来自国家统计局网站①；取全国 188 个地面国际交换站的年平均气温、年平均相对湿度的平均值代表全国年平均气温、年平均相对湿度②。全国尺度 1997—2009 年的火灾、经济、气候数据如图 5-1 所示。

① http://www.stats.gov.cn/tisi.

② http://www.cma.gov.cn/2011qxfw/2011qsjgx/index.htm.

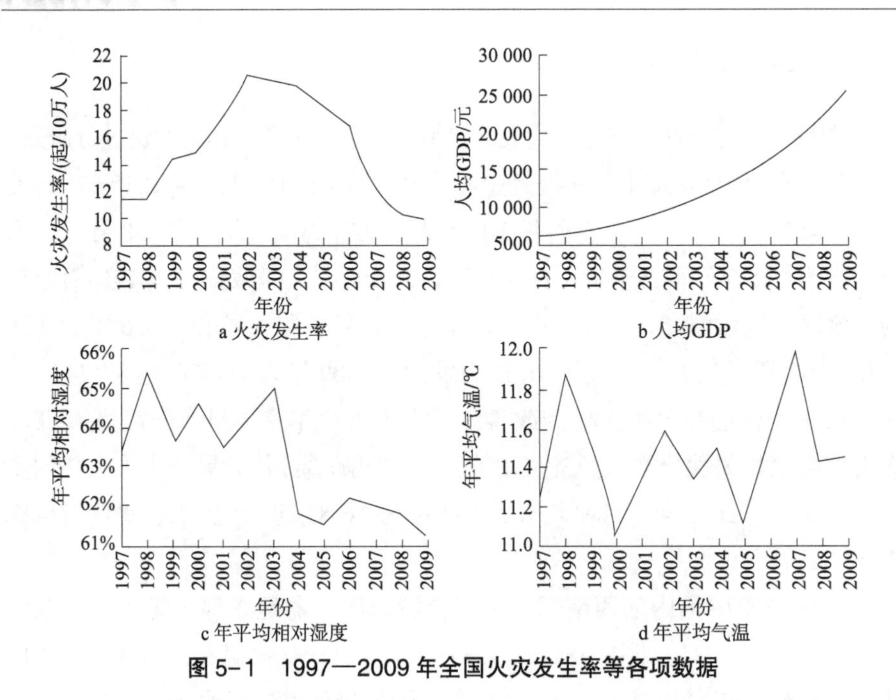

a 火灾发生率　b 人均GDP　c 年平均相对湿度　d 年平均气温

图 5-1　1997—2009 年全国火灾发生率等各项数据

社会消费品零售总额是衡量经济发展状况的重要宏观经济指标之一，是研究居民生活水平、社会生产、宏观经济运行状况的重要资料，同时考虑到数据的可获得性，本书选择月社会消费品零售总额作为江苏、重庆经济因子的代表性指标；取月火灾起数代表火灾因子；月平均相对湿度、月平均气温代表气候因子。江苏数据时段为 2001 年 1 月至 2009 年 12 月，重庆数据时段为 2000 年 1 月至 2004 年 12 月。江苏月度火灾起数数据来自江苏消防总队《火灾通报》①，重庆月度火灾起数数据来自文献《经济因素对火灾的影响》（朱艳，2005）附录；江苏、重庆月社会消费品零售总额数据来源于国家统计局网站②。

江苏气候数据取南京、上海龙华、东台、赣榆、徐州 5 个气象台站的月平均气温、月平均相对湿度进行算术平均，代表江苏的月平均气温、月平均相对湿度。重庆气候数据取重庆沙坪坝气象台站的月平均气温、月平均相对湿度。

为反映火灾与各项指标的长期趋势关系，需消除各指标的季节性变动，保留趋势循环分量，以真实反映时间序列运动的客观规律。本书采用 Census X12 方法进行季节调整。江苏季节调整后的各项数据如图 5-2 所示，重庆季节调整后的各项数据如图 5-3 所示。

① http://www.js119.com/news/folder15/index.html.

② http://www.stats.gov.cn/tjsj.

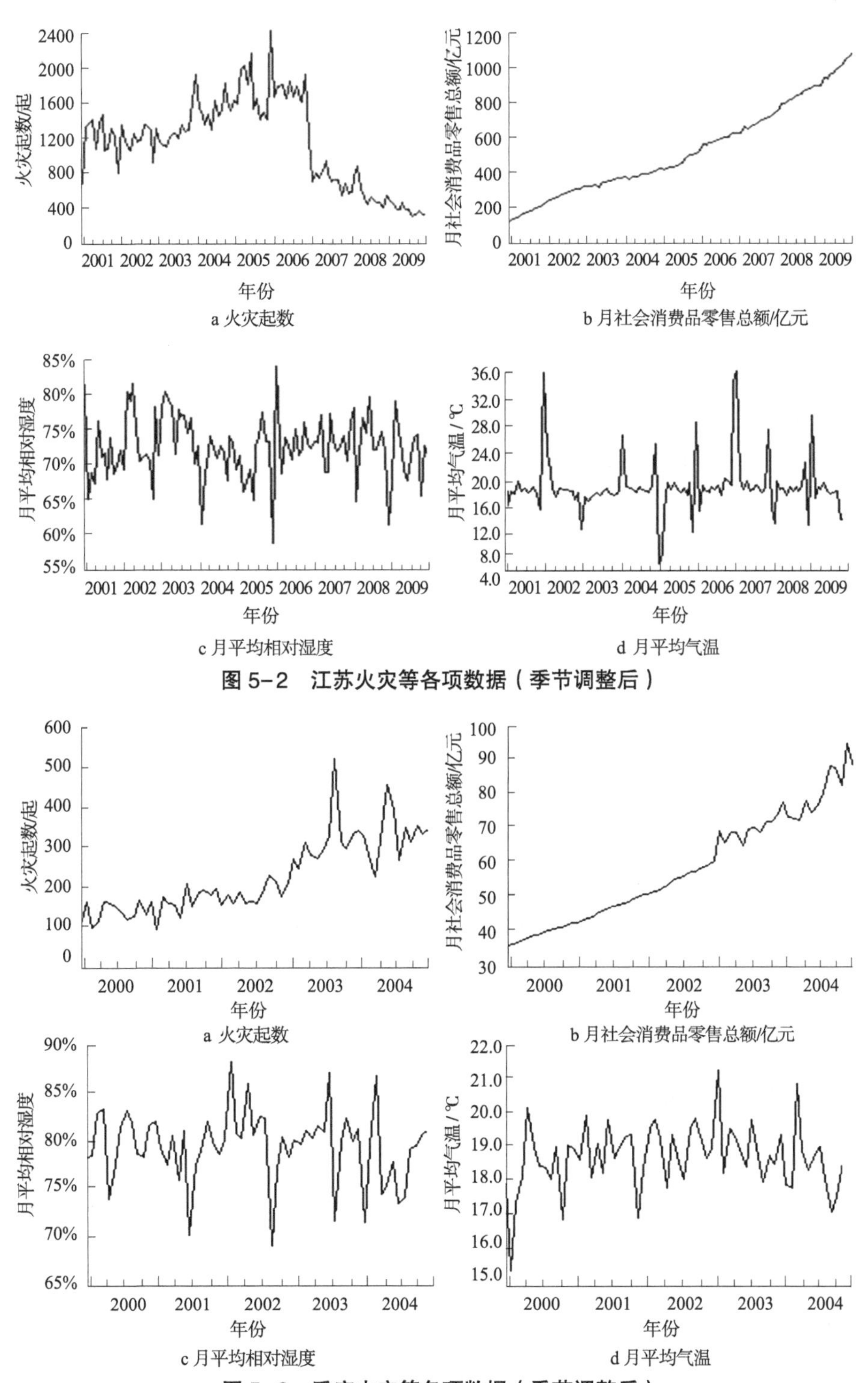

a 火灾起数　b 月社会消费品零售总额/亿元

c 月平均相对湿度　d 月平均气温

图 5-2　江苏火灾等各项数据（季节调整后）

a 火灾起数　b 月社会消费品零售总额/亿元

c 月平均相对湿度　d 月平均气温

图 5-3　重庆火灾等各项数据（季节调整后）

5.1.3 相关性分析

将江苏、重庆的火灾起数、月社会消费品零售总额、月平均相对湿度、月平均气温分别取自然对数，记为 F、C、H、T；分别计算 F 与 C、H、T 的相关系数，记为 FC、FH、FT，结果如表 5-1 所示。

表 5-1　江苏、重庆火灾起数与各指标相关系数

地区	FH	FT	FC
江苏	−0.15	−0.09	−0.53
重庆	−0.28	0.15	0.88

可见，经济因子与火灾的相关系数较高，而气候因子与火灾的相关系数均较低。这与传统认知相符，即认为火灾时间变化主要受经济发展的影响，受气候变化的影响较小。

5.1.4 自然对数处理及弹性

在实际分析时，为便于分析各变量之间的相互影响，如各变量间构成双对数线性关系，可建立如下回归方程：

$$\ln(y)=\beta_0+\sum_{i=1}^{k}\beta_i\ln(x_i)+u。\tag{5-1}$$

其中，各自变量的系数就是弹性：

$$\beta_i=\frac{\partial\ln(y)}{\partial\ln(x_i)}=\frac{\partial y/y}{\partial x_i/x_i}。\tag{5-2}$$

弹性度量了在其他变量保持不变的条件下，自变量 x_i 对因变量 y 的弹性影响，表示 x_i 在原有基础上每增加 1% 时，y 在原有基础上大约增加 β_i%。对于只有 1 个自变量 x 的弹性影响推导如下。

当 $t+1$ 期的 x 比上一期变化 1% 时，有

$$\begin{aligned}\ln(y_{t+1})&=\beta_0+\beta_1\ln(x_{t+1})\\&=\beta_0+\beta_1\ln(x_t\cdot 1.01)\\&=\beta_0+\beta_1\ln(x_t)+\beta_1\ln(1.01),\end{aligned}\tag{5-3}$$

所以，

$$\ln(y_{t+1})-\ln(y_t)=\beta_1\ln(1.01)\approx 1+0.01\beta_1。\tag{5-4}$$

因此，x 变化 1% 时，y 大约变化 β_1%。

5.2 因果分析法用于火灾致灾因素检验

5.2.1 Granger 因果检验

有些变量之间显著相关，但却未必有意义，如树木的生长速度与经济增长速度可能显著相关，但两者之间却无关联。判断一个变量的变化是否是另一个变量变化的原因，可以用 Granger 因果检验（Granger，1969）进行检验。Granger 因果检验的主要思路是看现在的 y 能够在多大程度上被过去的 x 解释，加入 x 的滞后值是否使解释程度提高。

Granger 因果检验的判断基准是检查 x 的前期信息对 y 的均方误差 MSE 的减少是否有贡献，并与不用 x 的前期信息所得的 MSE 相比较，若 MSE 无变化，则称 x 在 Granger 意义下对 y 无因果关系，或者 y 不是由 x Granger 引起的；反之，则称在 Granger 意义下有因果关系，或者 x 是 y 的 Granger 原因。

对于某二元（x，y）p 阶滞后联立方程：

$$\begin{cases} y_t = \alpha_0+\alpha_1 y_{t-1}+\cdots+\alpha_l y_{t-p}+\beta_1 y_{t-1}+\cdots+\beta_l y_{t-p} \\ x_t = \varphi_0+\varphi_1 x_{t-1}+\cdots+\varphi_l x_{t-p}+\gamma_1 y_{t-1}+\cdots+\gamma_l y_{t-p} \end{cases}, \tag{5-5}$$

假设变量 x 不能 Granger 引起 y，等价于 x 外生于变量 y，即 $\beta_1=\beta_2=\cdots=\beta_p=0$。

判断 Granger 原因的直接方法是利用 F 检验来检验下述统计量：

$$S=\frac{(RSS_0-RSS_1)/p}{RSS_1/(T-2p-1)}\sim F(p,\ T-2p-1)。\tag{5-6}$$

其中，RSS_1 是 y 方程的残差平方和，RSS_0 是不含 x 的滞后变量（即 $\beta_1=\beta_2=\cdots=\beta_p=0$）方程的残差平方和。

如果 S 大于 F 的临界值，则拒绝原假设，x 是 y 的 Granger 原因；否则接受原假设，x 不能 Granger 引起 y。

5.2.2 火灾致灾因素检验

本书从全国尺度、省域尺度（以江苏为代表）、市域尺度（以重庆为代表），通过 Granger 因果检验分别来验证经济发展、气候变化是否导致了火灾变化。指标选取及数据范围如前所述。原假设分别为经济发展不是火灾变化的 Granger 原因、气候变化（湿度变化、气温变化）不是火灾变化的 Granger 原因。全国、江苏、重庆的 Granger 检验结果分别如表 5-2 至表 5-4 所示。

表 5-2 全国年尺度 Granger 因果检验

滞后阶数	原假设	*F* 检验值	*P* 值	结论
1	*H* 不是 *F* 的 Granger 原因	9.42	0.01	拒绝原假设
	T 不是 *F* 的 Granger 原因	0.73	0.41	接受原假设
	G 不是 *F* 的 Granger 原因	9.45	0.00	拒绝原假设
2	*H* 不是 *F* 的 Granger 原因	2.39	0.16	接受原假设
	T 不是 *F* 的 Granger 原因	0.73	0.52	接受原假设
	G 不是 *F* 的 Granger 原因	2.57	0.15	接受原假设

注：*H*、*T*、*G*、*F* 分别代表全国年平均相对湿度、年平均气温、人均 GDP、火灾发生率的自然对数值。

表 5-3 江苏 Granger 因果检验结果

滞后阶数	*H*		*T*		*C*	
	F 检验值	*P* 值	*F* 检验值	*P* 值	*F* 检验值	*P* 值
1	8.75	0.00	0.03	0.86	4.27	0.04
2	5.03	0.01	0.52	0.59	3.93	0.02
3	1.95	0.13	1.72	0.17	1.49	0.22
4	1.36	0.26	1.21	0.31	1.02	0.40

注：*H*、*T*、*C*、*F* 分别代表江苏月平均相对湿度、月平均气温、月社会消费品零售总额、月火灾起数的自然对数值。

表 5-4 重庆 Granger 因果检验结果

滞后阶数	*H*		*T*		*C*	
	F 检验值	*P* 值	*F* 检验值	*P* 值	*F* 检验值	*P* 值
1	7.33	0.01	0.18	0.67	23.36	0.00
2	3.75	0.03	0.56	0.58	10.12	0.00
3	1.84	0.15	0.23	0.88	6.22	0.00
4	1.54	0.21	0.19	0.94	5.53	0.00

注：*H*、*T*、*C*、*F* 分别代表重庆月平均相对湿度、月平均气温、月社会消费品零售总额、月火灾起数的自然对数值。

对于全国尺度，当滞后阶数为 1 时，年平均相对湿度和人均 GDP 均是火灾发生率的 Granger 原因，而年平均气温不是火灾发生率的 Granger 原因；当滞后阶数为 2 时，年平均相对湿度、年平均气温、人均 GDP 都不是火灾发生率的 Granger 原因。这说明在全国尺度上，湿度因子、经济因子对滞后 1 年的火灾发生率仍有显著影响，而气温因子对火灾发生率的影响则不显著。

对于江苏、重庆，在滞后阶数≤ 2 时，江苏、重庆的月平均相对湿度均在 $P < 0.05$ 的显著水平下拒绝原假设，而月平均气温均在 $P < 0.05$ 显著水平下接受原假设，即月平均相对湿度是火灾起数的 Granger 原因，而月平均气温不是火灾起数的 Granger 原因。这说明湿度对火灾起数的影响更显著，而且会对滞后 2 个月的火灾起数产生显著影响；而消除季节影响的气温因子则对火灾起数影响不显著。月社会消费品零售总额是火灾的 Granger 原因，但江苏仅在滞后阶数≤ 2 时在 $P < 0.05$ 的显著水平下拒绝原假设，而重庆则在滞后阶数≤ 4 时在 $P < 0.05$ 的显著水平下均拒绝原假设，表明江苏社会消费品零售总额会对滞后 2 个月的火灾起数的产生影响，而重庆社会消费品零售总额对滞后 4 个月的火灾起数仍然具有显著影响。

综上所述，Granger 因果检验的结果表明，经济发展、气候变化确实会导致火灾变化，这与前文探索性分析的结论是一致的。此外，不同尺度湿度因子相比于气温因子对火灾的影响都更显著，湿度变化是火灾变化的 Granger 原因，而气温变化不是火灾变化的 Granger 原因，因此，本书拟采用湿度因子（月平均相对湿度、年平均相对湿度）代表气候因子。

5.3　向量自回归模型用于火灾变化长期稳定性分析

大多数社会经济时间序列都是非平稳时间序列，非平稳时间序列在各个时段的变化规律是不同的，其均值、方差和协方差都随时间变化而变化。对非平稳时间序列采用传统方法进行回归可能会产生“伪回归”。非平稳时间序列的线性组合如为平稳序列，称之为协整方程，则表明序列间具有长期均衡关系。本节主要使用 Johansen 协整检验法研究经济发展、气候变化与火灾变化之间是否存在均衡关系。

5.3.1 向量自回归模型

1980 年 Sims（1980a）提出向量自回归（VAR）模型并进行经济系统动态特性的分析，随后，此方法在经济问题的分析中被广泛应用。VAR 常用于预测相互联系的时间序列系统以及分析随机扰动对变量系统的动态影响。*VAR*（*p*）模型一般可表示为

$$y_t = \boldsymbol{A}_1 y_{t-1} + \boldsymbol{A}_2 y_{t-2} + \cdots + \boldsymbol{A}_p y_{t-p} + \boldsymbol{B} x_t + \boldsymbol{\varepsilon}_t \text{。} \tag{5-7}$$

其中，y_t 是一个 k 维的内生变量，x_t 是一个 d 维的外生变量。$\boldsymbol{A}_1$，$\boldsymbol{A}_2$，…，$\boldsymbol{A}_p$ 和 $\boldsymbol{B}$ 是待估计的系数矩阵。$\boldsymbol{\varepsilon}_t$ 是误差向量，且满足以下 3 个条件：①误差项的均值为 0；②误差项的协方差矩阵为正定矩阵；③误差项不存在自相关，且不与等式右边的变量相关。

对于非平稳时间序列，只要各变量之间存在协整关系，也可以直接建立 VAR 模型。

5.3.2 协整理论

如果时间序列 $\{u_t\}$ 的数字特征（均值、方差和自协方差）都不随时间变化而变化，则称时间序列 $\{u_t\}$ 是平稳的。平稳的时间序列可以通过过去时间点的信息，建立拟合模型，进而预测未来信息。但对于非平稳时间序列，在不同的时间点其数字特征是变化的，难以通过已知信息去预测未来信息。部分非平稳序列可以通过差分得到平稳序列，称为差分平稳序列。如果序列 y 通过 d 次差分为平稳序列，且 $d-1$ 次为非平稳序列，则称 y 为 d 阶单整序列，记为 $y \sim I(d)$。检查序列平稳性的方法是单位根检验，常用的检验方法有 ADF（Augmented Dickey-Fuller Test）检验、DFGLS（Dickey-Fuller Test with GLS）检验、PP（Philips-Perron）检验等，具体方法参见相关文献（高铁梅，2009；张晓彤，2000）。平稳序列或单整序列可以通过 ARMA 或 ARIMA 模型进行建模分析。

1987 年，Engle 等（1987）提出了协整理论，认为非平稳序列的线性组合可能是平稳序列，这种线性组合被称为协整关系，可以解释变量之间的长期稳定的均衡关系。短期内，可能因为某种原因，这些变量偏离均值，随着时间推移将会回到均衡状态。

协整检验的检验对象主要有两种：一种是基于回归残差的协整检验，以

Engle 等（1987）提出的协整检验方法为代表，其原理是若自变量和因变量之间存在协整关系，则因变量不能被自变量所解释的部分构成残差序列，该残差序列应该是平稳的，因此，检验变量之间是否存在协整关系等价于检验残差序列是否平稳序列；另一种是基于回归系数的协整检验，以 Johansen 等（1990）提出的协整检验方法为代表，称为 Johansen 协整检验或 JJ 检验。

若使用 Engle 等（1987）提出的协整关系检验方法，需要首先建立变量间的回归方程及残差序列，然后判断残差序列是否为平稳序列。若为平稳序列则自变量和因变量之间具有协整关系，回归方程可以用来预测未来信息；若残差序列仍为非平稳序列，则因变量和自变量之间不存在协整关系，回归方程为“伪回归”。

李秀红（2009）选取我国 2000—2006 年的火灾发生次数（FGR）和 GDP 月度数据，采用 Johansen 协整检验法，证明 ln（*FGR*）和 ln（*GDP*）之间存在协整关系，且只有 1 个协整向量。

本书使用 Johansen 协整检验方法。Johansen 协整检验是基于 VAR 模型来检验回归系数的方法。首先对于 p 阶 VAR 模型：

$$\boldsymbol{y}_t = A_1 y_{t-1}+\cdots+A_p y_{t-p}+\boldsymbol{B}\boldsymbol{x}_t+\boldsymbol{\varepsilon}_t 。\tag{5-8}$$

其中，$\boldsymbol{y}_t$ 是一个含有非平稳的 1 阶单整的 k 维向量；$\boldsymbol{x}_t$ 是 d 维外生向量，代表趋势项、常数项等确定性项；$\boldsymbol{\varepsilon}_t$ 是误差向量。上式等价于

$$\Delta\boldsymbol{y}_t = \Pi y_{t-1}+\sum_{i=1}^{p-1}\Gamma_i\Delta y_{t-i}+\boldsymbol{B}\boldsymbol{x}_t+\boldsymbol{\varepsilon}_t 。\tag{5-9}$$

其中：$\Pi = \sum_{i=1}^{p} A_i - I$，$\Gamma_i = -\sum_{j=i+1}^{p} A_j$。

设 Π 的秩为 r，若 $r=k$，表明 y_{t-1} 各分量都是 I（0）变量；若 $r=0$，上式的各项都是 I（0）变量；若 $0<r<k$，表示存在 r 个协整组合，其余 $k-r$ 个仍为 I（1）关系。此时，Π 可分解为：

$$\Pi = \boldsymbol{\alpha}\boldsymbol{\beta}' 。\tag{5-10}$$

其中，$\boldsymbol{\alpha}$ 的每一行 α_i 是出现在第 i 个方程中 r 个协整组合的一组权重，称为调整参数矩阵；$\boldsymbol{\beta}$ 的每一列都表示 y_{t-1} 各分量线性组合的一种协整形式，称为协整向量矩阵。

$$\Delta\boldsymbol{y}_t = \boldsymbol{\alpha}\boldsymbol{\beta}' y_{t-1}+\sum_{i=1}^{p-1}\Gamma_i\Delta y_{t-i}+\boldsymbol{B}\boldsymbol{x}_t+\boldsymbol{\varepsilon}_t 。\tag{5-11}$$

可通过特征根迹检验（Trace 检验）或最大特征值检验（λ-max 检验）来检验是否存在协整关系及协整向量的个数。

Trace 检验统计量 η_r 为

$$\eta_r=-T\sum_{i=r+1}^{k}\ln(1-\lambda_i),\ r=0,\ 1,\ \cdots,\ k-1, \tag{5-12}$$

最大特征值检验统计量 ξ_r 为

$$\xi_r=-T\ln(1-\lambda_{r+1}),\ r=0,\ 1,\ \cdots,\ k-1。 \tag{5-13}$$

当 η_0 或 ξ_0 显著时（即 η_0 或 ξ_0 大于某一显著水平下的 Johansen 分布临界值），表明至少有 1 个协整向量；当 η_1 或 ξ_1 显著时，表明至少有 2 个协整向量；……当 η_{k-1} 或 ξ_{k-1} 显著时，表明至少有 k 个协整向量。

5.3.3 平稳性检验

本书使用 ADF 检验法进行单位根检验。原假设为时间序列存在单位根，即序列是非平稳的。对于江苏、重庆，观察图 5-2、图 5-3，各序列的均值不为 0，即回归结果应含有常数项；月社会消费品零售总额存在线性趋势，月火灾起数、月平均相对湿度不存在线性趋势。对江苏、重庆的月火灾起数、月平均相对湿度、月社会消费品零售总额分别取自然对数，记为 F、H、C。采用 AIC（Akaike Info Criterion）准则自动确定滞后阶数进行 ADF 平稳性检验，采用 AIC 准则（Akaike Info Criterion）自动确定滞后阶数进行 ADF 平稳性检验。检查结果如表 5-5、表 5-6 所示。

表 5-5　江苏各因子平稳性检验结果

变量	滞后	t 统计值	P 值	5% 临界值	检验形式	结论
F	1	−0.64	0.86	−2.89	含常数项	不平稳
ΔF	0	−14.50	0.00	−2.89	含常数项	平稳
H	0	−9.30	0.00	−2.89	含常数项	平稳
C	5	−3.60	0.03	−3.45	含常数项、线性趋势	平稳

表 5-6　重庆各因子平稳性检验结果

变量	滞后	t 统计值	P 值	5% 临界值	检验形式	结论
F	4	−0.56	0.87	−2.92	含常数项	不平稳
ΔF	3	−6.83	0.00	−2.92	含常数项	平稳

续表

变量	滞后	t统计值	P值	5% 临界值	检验形式	结论
H	0	−7.35	0.00	−2.91	含常数项	平稳
C	0	−5.71	0.00	−3.49	含常数项、线性趋势	平稳

检验结果表明，对江苏和重庆，H、C 均为平稳序列，而 F 为非平稳序列，其1阶差分 ΔF 则为平稳序列，表明 F 序列是1阶单整的，即 $F \sim I(1)$。

对于全国尺度，对火灾发生率、年平均相对湿度、人均 GDP 分别取自然对数，记为 F、H、G，采用 AIC 准则自动确定滞后阶数，最大滞后阶数为 4，单位根检验结果如表 5-7 所示。结果表明，全国尺度各因子均为平稳序列。

表 5-7　全国各因子平稳性检验

变量	滞后	t统计值	P值	5% 临界值	检验形式	结论
F	3	−3.33	0.04	−3.21	含常数项	平稳
H	0	−4.30	0.02	−3.83	含常数项、线性趋势	平稳
G	4	−12.56	0.00	−4.11	含常数项、线性趋势	平稳

5.3.4　火灾长期稳定性分析

使用 Johansen 的方法进行协整检验，需要先建立 VAR 模型。

对于江苏、重庆，VAR 内生变量选取月平均相对湿度、月社会消费品零售总额、月火灾起数的自然对数，记为 H、C、F，VAR 模型的表达式为

$$\begin{cases} H_t = \sum_{i=1}^{p} \alpha_{1i} H_{t-i} + \beta_{1i} C_{t-i} + \gamma_{1i} F_{t-i} + \omega_1 + \varepsilon_1 \\ C_t = \sum_{i=1}^{p} \alpha_{2i} H_{t-i} + \beta_{2i} C_{t-i} + \gamma_{2i} F_{t-i} + \omega_2 + \varepsilon_2 \\ F_t = \sum_{i=1}^{p} \alpha_{3i} H_{t-i} + \beta_{3i} C_{t-i} + \gamma_{3i} F_{t-i} + \omega_3 + \varepsilon_3 \end{cases} \text{。} \tag{5-14}$$

其中，p 为滞后阶数，α_{1i}、β_{1i}、γ_{1i}、α_{2i}、β_{2i}、γ_{2i}、α_{3i}、β_{3i}、γ_{3i} 为待定系数，ω_1、ω_2、ω_3 为常数项，ε_1、ε_2、ε_3 为残差，H_t、C_t、F_t 分别为第 t 期的月平均

相对湿度对数值、月社会消费品零售总额对数值、月火灾起数自然对数值。

假设滞后阶数 $p=1$，基于 Johansen 等（1990）提出的协整理论，使用 EViews6.0 进行协整检验。以江苏为例，观察其火灾起数具有二次趋势，假定协整方程具有截距且无确定性趋势，并用差分的 1 阶滞后，江苏 Johansen 协整检验结果如表 5-8 所示。

表 5-8　江苏 VAR Johansen 协整检验结果

原假设	特征根	迹统计量（P 值）	最大特征根（P 值）
至少 0 个协整向量	0.52	121.45（0.00）*	77.88（0.00）*
至少 1 个协整向量	0.32	43.57（0.00）*	40.84（0.00）*
至少 2 个协整向量	0.026	2.74（0.098）	0.026（0.098）

注：* 表明在 $P<0.05$ 的显著水平下拒绝原假设。

检验结果表明，江苏的 F、H、C 之间存在协整关系且均存在 2 个协整向量，即 2 个协整方程。

由于调整参数矩阵 $\boldsymbol{\alpha}$ 和协整向量矩阵 $\boldsymbol{\beta}$ 都不是唯一的，因此可以对该协整关系添加适当约束。规定变量顺序为 F、H、C，添加如下约束：$B(1,1)=1$，$B(1,3)=0$，$B(2,1)=1$，$B(2,2)=0$，$B(2,1)=0$。其含义为第 1 个协整方程的第 3 个变量 C 系数约束为 0，第 2 个协整方程的第 2 个变量 H 系数约束为 0，以分别考察不考虑经济因子、气候因子影响时，剩余因子对火灾起数的影响。江苏变量间协整向量矩阵 $\boldsymbol{\beta}$ 的估计结果如表 5-9 所示。

表 5-9　江苏火灾起数协整向量

变量名称	F	H	C	@$TREND$（01M01）	常数项
协整向量 1	1	30.64（7.95）	0	0.013	−138.81
协整向量 2	1	0	22.76（9.96）	−0.44	−119.99

注：( ) 内数据表示系数对应的 t 统计值。@$TREND$ 为时间趋势变量，@$TREND$（01M01）的含义为 2001 年 1 月为 0，2 月为 1，3 月为 2，以此类推。

$\boldsymbol{\beta}$ 可表述为

$$\boldsymbol{\beta}=\begin{bmatrix}1 & 30.64 & 0\\ 1 & 0 & 22.76\end{bmatrix}。\tag{5-15}$$

协整方程 1 表示 F 与 H 之间的长期均衡关系为

$$F = 138.81 - 30.64H - 0.013@TREND\ (01M01) + ecm_{1t}。 \quad (5-16)$$

协整方程 2 表示 F 与 C 之间的长期均衡关系为

$$F = 119.99 - 22.76C + 0.44@TREND\ (01M01) + ecm_{2t}。 \quad (5-17)$$

其中，ecm_{1t}、ecm_{2t} 表示协整方程残差项。

以上两个协整方程分别表示月火灾起数与月平均相对湿度、月社会消费品零售总额的长期均衡方程。从方程系数符号来看，月平均相对湿度、月社会消费品零售总额的系数均显著为负，反映这两者与火灾起数均具有负稳定关系，即湿度上升、经济发展会促使火灾起数下降。从长期均衡关系来看，月平均相对湿度在原有基础上每下降 1%，火灾起数将在原有基础上上升 30.64%；月社会消费品零售总额对数值在原有基础上每上升 1%，火灾起数将在原有基础上下降 22.76%（以下非特别说明，上升或下降"%"均指在原有基础上上升或下降的百分比）。月平均相对湿度对火灾起数的影响度要高于月社会消费品零售总额对火灾起数的影响。这两个协整方程反映的协整关系如图 5-4 所示。

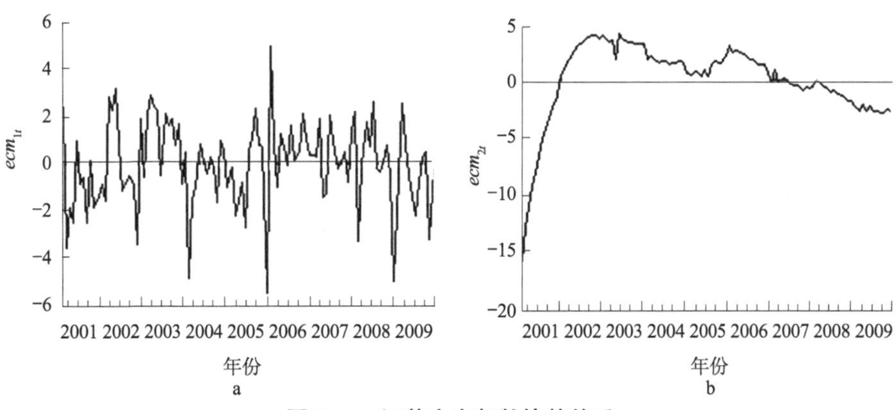

图 5-4　江苏火灾起数协整关系

对这两个方程的误差修正项所形成的序列采用 ADF 方法进行平稳性检验，结果如表 5-10 所示。

表 5-10　江苏火灾起数协整方程误差修正项平稳性检验结果

变量	滞后阶数	t 统计值	P 值	5% 临界值	检验形式	结论
ecm_{1t}	0	-9.19	0.00	-3.45	含常数项	平稳
ecm_{2t}	1	-8.43	0.00	-3.45	含常数项和线性趋势	平稳

结果表明，这两个协整方程的误差修正项序列均平稳，协整关系满足。

另外，调整参数矩阵 $\boldsymbol{\alpha}$ 估计结果为

$$\boldsymbol{\alpha}=\begin{bmatrix}0.033 & -0.032 & -0.000\,12\\ -0.0078 & 0.0072 & -0.0063\end{bmatrix}。\tag{5-18}$$

上述 $\boldsymbol{\alpha}$ 估计结果的含义是，如果 F、H、C 在上一期偏离了长期均衡，$\boldsymbol{\alpha}$ 会将其调整到均衡状态，对第一个协整方程的调整速度分别为 0.033、−0.032、−0.000 12，对第二个协整方程的调整速度分别是 −0.0078、0.0072、−0.0063。

重庆的火灾起数序列有确定性趋势，假定协整方程只有截距且无确定性趋势，滞后阶数为 1 阶差分滞后，则重庆 Johansen 协整检验结果如表 5-11 所示。

表 5-11　重庆 VAR Johansen 协整检验结果

原假设	特征根	迹统计量（P 值）	最大特征根（P 值）
至少 0 个协整向量	0.41	47.82（0.00）*	30.91（0.00）*
至少 1 个协整向量	0.26	16.91（0.03）*	16.84（0.02）*
至少 2 个协整向量	0.0012	0.068（0.79）	0.068（0.79）

注：* 表明在 $P<0.05$ 的显著水平下拒绝原假设。

检验结果表明，重庆的 F、H、C 之间存在协整关系且存在 2 个协整向量。

添加如下约束：$B(1, 1)=1$，$B(1, 3)=0$，$B(2, 1)=1$，$B(2, 2)=0$，$B(2, 1)=0$，则调整参数矩阵 $\boldsymbol{\alpha}$ 和协整向量矩阵 $\boldsymbol{\beta}$ 结果如下：

$$\boldsymbol{\beta}=\begin{bmatrix}1 & 50.25 & 0\\ 1 & 0 & -1.19\end{bmatrix},\tag{5-19}$$

$$\boldsymbol{\alpha}=\begin{bmatrix}0.039 & -0.019 & -0.004\\ -0.51 & 0.098 & -0.084\end{bmatrix}。\tag{5-20}$$

对应的两个协整方程如下。

协整方程 1 为

$$F=226.51-50.25H+ecm_{1t},\tag{5-21}$$

协整方程 2 为

$$F=0.76+1.19C+ecm_{2t}。\tag{5-22}$$

协整方程的结果表明，重庆月平均相对湿度对火灾起数有负稳定关系，月社会消费品零售总额对火灾起数有正稳定关系，反映重庆气候变干

与经济发展均会促使火灾恶化。长期来看，重庆火灾受气候变化的影响很大，月平均湿度每降低 1%，月火灾起数将上升 50.25%；受经济发展的影响较小，月社会消费品零售总额每上升 1%，月火灾起数将上升 1.19%。月平均相对湿度对火灾的影响度要高于月社会消费品零售总额对火灾的影响。

这两个协整方程反映的协整关系如图 5-5 所示。

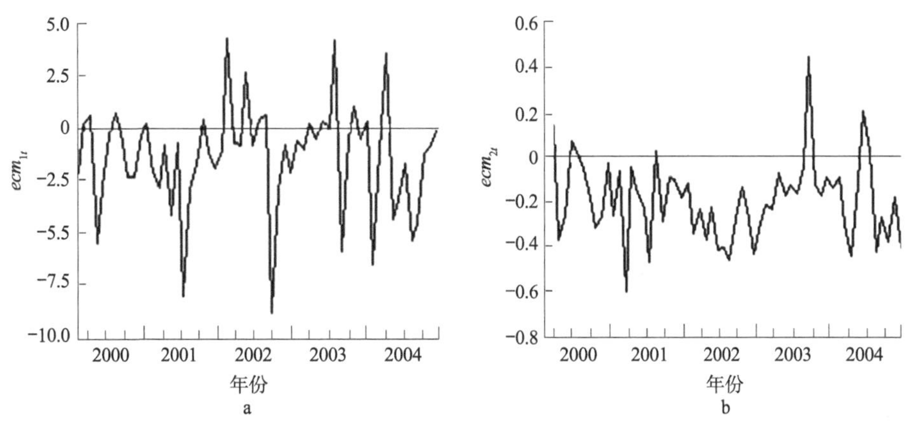

图 5-5　重庆火灾起数协整关系

两个协整方程形成的误差修正项经检验也是平稳的，如表 5-12 所示。

表 5-12　重庆火灾起数协整方程误差修正项平稳性检验结果

变量	滞后阶数	t 统计值	P 值	5% 临界值	检验形式	结论
ecm_{1t}	0	−7.32	0.00	−2.91	含常数项	平稳
ecm_{2t}	1	−6.61	0.00	−2.91	含常数项	平稳

对于全国尺度，建立如下 VAR 模型：

$$\begin{cases} H_t = \sum_{i=1}^{p} \alpha_{1i} H_{t-i} + \beta_{1i} G_{t-i} + \gamma_{1i} F_{t-i} + \omega_1 + \varepsilon_1 \\ G_t = \sum_{i=1}^{p} \alpha_{2i} H_{t-i} + \beta_{2i} G_{t-i} + \gamma_{2i} F_{t-i} + \omega_2 + \varepsilon_2 \\ F_t = \sum_{i=1}^{p} \alpha_{3i} H_{t-i} + \beta_{3i} G_{t-i} + \gamma_{3i} F_{t-i} + \omega_3 + \varepsilon_3 \end{cases} \text{。} \tag{5-23}$$

其中，p 为滞后阶数，α_{1i}、β_{1i}、γ_{1i}、α_{2i}、β_{2i}、γ_{2i}、α_{3i}、β_{3i}、γ_{3i} 为待定系数，ω_1、ω_2、ω_3 为常数项，ε_1、ε_2、ε_3 为残差，H_t、G_t、F_t 分别为第 t 期的年平均相对湿度、人均 GDP、火灾起数自然对数值。

假定全国尺度数据有确定性趋势，协整方程只有截距项，则其 Johansen 协整检验结果如表 5-13 所示。

表 5-13　全国尺度 VAR Johansen 协整检验结果表

原假设	特征根	迹统计量（P 值）	最大特征根（P 值）
至少 0 个协整向量	0.90	40.66（0.00）*	27.29（0.00）*
至少 1 个协整向量	0.65	13.37（0.10）	12.59（0.09）
至少 2 个协整向量	0.062	0.78（0.38）	0.78（0.38）

注：* 表明在 $P<0.05$ 的显著水平下拒绝原假设。

上述结果表明，H、G、F 之间存在协整关系，Trace 检验和最大特征根检验在 $P<0.05$ 的显著水平下仅有 1 个协整向量，因此，取协整向量的个数 $r=1$。

调整参数矩阵 $\boldsymbol{\alpha}$ 和协整向量矩阵 $\boldsymbol{\beta}$ 结果如下：

$$\boldsymbol{\beta}=[1 \quad 14.00 \quad 1.34], \tag{5-24}$$

$$\boldsymbol{\alpha}=[-0.22 \quad -0.02 \quad 0.11]。 \tag{5-25}$$

对应的协整方程为

$$F=-14.00H-1.34G+64.08+ecm。 \tag{5-26}$$

其中，各系数的 t 统计值均显著，ecm 为误差修正项。

该协整方程表明，从长期来看，气候变化、经济发展与火灾发生率之间存在均衡关系且均为负稳定关系，年平均相对湿度每降低 1%，全国火灾发生率升高 14.00%，人均 GDP 每增加 1%，全国火灾发生率降低 1.34%。年平均相对湿度对火灾发生率的影响程度要高于人均 GDP 对火灾发生率的影响。该协整方程的协整关系如图 5-6 所示，该协整方程形成的误差修正项经检验也是平稳的，如表 5-14 所示。

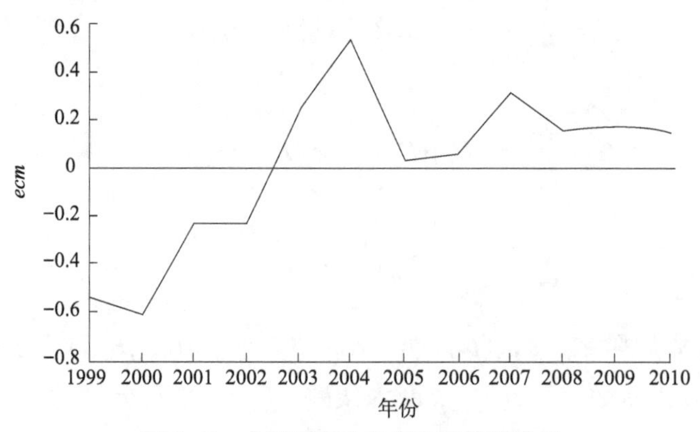

图 5-6　全国尺度火灾发生率协整关系

表 5-14　全国尺度火灾发生率协整方程误差修正项平稳性检验结果

变量	滞后阶数	t 统计值	P 值	5% 临界值	检验形式	结论
ecm	3	−6. 15	0.00	−3.32	含常数项	平稳

综上所述，在不同尺度都表明经济发展、气候变化与火灾变化（火灾起数、火灾发生率）之间存在长期均衡关系，短时间之内火灾变化可能偏离经济发展与气候变化的影响，长久来看，火灾变化态势会回归到由经济水平、气候条件所决定的均衡状态。此外，也应注意到，江苏、重庆的经济因子、气候因子与火灾因子的协整关系不同，江苏月平均相对湿度、月社会消费品零售总额与火灾起数均具有负稳定关系，而重庆月平均相对湿度对火灾起数有负稳定关系，月社会消费品零售总额对火灾起数有正稳定关系，这反映在不同的地区、不同的时间阶段，经济发展、气候变化将对火灾变化施加的长期影响不同。而从全国尺度来看，气候变化、经济发展与火灾变化之间存在均衡关系且均为负稳定关系，即气候变干将促使火灾变化趋势恶化，经济发展将促使火灾变化趋势改善。

不同尺度的协整方程都表明，气候因子（月平均相对湿度、年平均相对湿度）对火灾变化的影响程度要高于经济因子（月社会消费品零售总额、人均 GDP）对火灾变化的影响，这与人们习惯的认识不同（即认为火灾变化主要受社会经济的影响），但协整关系的研究结果表明，气候变化对火灾变化的影响程度更高，需要重视气候变化对火灾变化的影响，并采取有效措施加以应对。

5.4　向量误差修正模型用于火灾变化短期波动分析

上一节证明了经济发展、气候变化与火灾变化之间存在长期均衡关系，当火灾变化偏离均衡状态时，这种长期均衡关系会对其产生调整作用。但是由于经济发展、气候变化与火灾变化都是非常复杂的“复合系统”，经济发展、气候变化对火灾变化的短期波动影响还需要进一步研究。前文已经分析了经济发展、气候变化与火灾变化之间具有因果关系，这种因果关系正是在长期均衡关系作用下的长期因果关系。对于经济发展、气候变化短期波动对火灾变化的影响，可采用向量误差修正模型，通过经济发展、气候变化的短期波动（1 阶差分项）对火灾变化（1 阶差分项）所具有的短期作用效果来体现。

5.4.1 向量误差修正模型

1987 年，Engle 等（1987）将协整与误差修正模型结合，提出了向量误差修正模型（VEC）。其基本思想是：若变量间存在协整关系，则有一种误差修正机制存在，防止长期均衡关系出现偏差。VEC 模型可以认为是含有协整约束的 VAR 模型。

不包含外生变量的 VEC 模型为

$$\Delta y_t = \alpha\beta' y_{t-1} + \sum_{i=1}^{p-1} \Gamma_i \Delta y_{t-i} + \varepsilon_t, \tag{5-27}$$

若令 $ecm_{t-1} = \beta' y_{t-1}$，表示误差修正项，反映变量之间的长期均衡关系；$\alpha$ 则反映了变量之间偏离长期均衡状态时，将其调整到均衡状态的调整速度。模型变为

$$\Delta y_t = \alpha ecm_{t-1} + \sum_{i=1}^{p-1} \Gamma_i \Delta y_{t-i} + \varepsilon_t。 \tag{5-28}$$

VEC 建模不仅只考虑变量的原始值或差分值，而是充分使用两者结合起来的信息。从短期看，变量的波动是由于较稳定的长期趋势和短期波动所决定的，短期波动的偏离程度取决于偏离长期均衡状态的大小。从长期看，通过误差修正机制，协整关系可将短期波动偏离纠正到均衡状态。

5.4.2 火灾变化向量误差修正模型

前文研究结果表明，江苏、重庆各变量均为平稳序列或 1 阶单整序列，江苏、重庆的 Johansen 协整检验结果表明均存在 2 个协整向量，并列出了这些协整向量对应的协整方程。在这些协整方程的基础上，建立如下 VEC 模型：

$$\Delta y_t = \boldsymbol{\alpha ecm}_{t-1} + \Gamma_i \Delta y_{t-i} + \varepsilon_t,\ t = 1,\ 2,\ \cdots,\ T。 \tag{5-29}$$

其中，$\boldsymbol{ecm}_{t-1} = \boldsymbol{\beta}^{\mathrm{T}} y_{t-1}$ 是误差修正向量，反映变量之间的长期均衡关系。$\boldsymbol{\alpha}$ 为调整参数矩阵，$\boldsymbol{\beta}$ 为协整向量矩阵。对于江苏、重庆，协整向量个数为 2，故 $\boldsymbol{\alpha}$、$\boldsymbol{\beta}$ 均为 3×2 阶矩阵，$\boldsymbol{\alpha}$ 的每一行元素是出现在第 i 个方程中的对应误

差修正项的调整系数，$\boldsymbol{\beta}$ 的每一列元素表示的各变量线性组合都是一种协整形式。

先以江苏为例，建立 VEC 模型，取 VEC 的滞后阶数为 1 阶差分滞后。

在前文协整方程的基础上，建立江苏 VEC 模型：

$$\begin{cases} \Delta F = 0.033\boldsymbol{ecm}_{1t-1} - 0.0078\boldsymbol{ecm}_{2t-1} - 0.34\Delta F_{t-1} - 0.57\Delta H_{t-1} + \\ \quad 0.31\Delta C_{t-1} + 0.022 - 0.000\,72@TREND\,(01M01) \\ \Delta H = -0.032\boldsymbol{ecm}_{1t-1} + 0.0072\boldsymbol{ecm}_{2t-1} + 0.055\Delta F_{t-1} + 0.069\Delta H_{t-1} + \\ \quad 0.29\Delta C_{t-1} - 0.02 + 0.000\,21@TREND\,(01M01) \\ \Delta C = -0.000\,12\boldsymbol{ecm}_{1t-1} - 0.0063\boldsymbol{ecm}_{2t-1} + 0.000\,59\Delta F_{t-1} - 0.0047\Delta H_{t-1} + \\ \quad 0.28\Delta C_{t-1} + 0.062 - 0.000\,54@TREND\,(01M01) \end{cases} \text{。} \quad (5-30)$$

其中，$\boldsymbol{ecm}_{1t-1} = F_{t-1} + 30.64H_{t-1} - 138.81 + 0.013@TREND\,(01M01)$，$\boldsymbol{ecm}_{2t-1} = F_{t-1} + 22.76C_{t-1} - 119.99 - 0.44@TREND\,(01M01)$。该模型经 AR 根检验，所有 AR 根的模均位于单位圆内，如图 5-7 所示，表示该模型是稳定的。

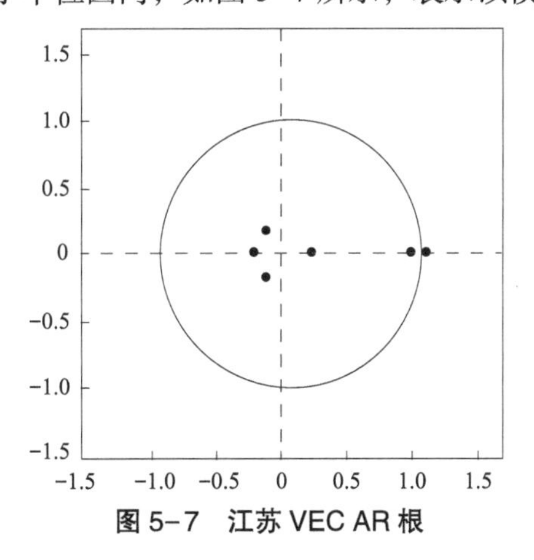

图 5-7　江苏 VEC AR 根

再对残差进行自相关拉格朗日乘数（LM）检验，参考 Johansen（1995）*LM* 统计量的计算公式，原假设为：直到 p 阶滞后，残差不存在序列相关。检验结果如表 5-15 所示，表明模型残差不存在自相关，模型可以用于进一步分析。

表 5-15　江苏 VEC 残差自相关 LM 检验结果

滞后阶数	*LM* 统计量	*P* 值
1	9.02	0.44
2	12.30	0.20

续表

滞后阶数	*LM* 统计量	*P* 值
3	4.15	0.90
4	16.02	0.07
5	18.60	0.03

同理，重庆 VEC 模型选择 1 阶差分滞后，模型估计结果为

$$\begin{cases}\Delta F=0.038\boldsymbol{ecm}_{1t-1}-0.51\boldsymbol{ecm}_{2t-1}-0.23\Delta F_{t-1}-1.1\Delta H_{t-1}-0.4\Delta C_{t-1}\\ \Delta H=-0.019\boldsymbol{ecm}_{1t-1}+0.098\boldsymbol{ecm}_{2t-1}-0.046\Delta F_{t-1}+\\ \quad 0.03\Delta H_{t-1}-0.0028\Delta C_{t-1}\\ \Delta C=-0.004\boldsymbol{ecm}_{1t-1}-0.084\boldsymbol{ecm}_{2t-1}+0.038\Delta F_{t-1}+\\ \quad 0.059\Delta H_{t-1}-0.54\Delta C_{t-1}\end{cases}\quad 。\tag{5-31}$$

其中，$\boldsymbol{ecm}_{1t-1}=F_{t-1}+50.25H_{t-1}-226.51$，$\boldsymbol{ecm}_{2t-1}=F_{t-1}-1.19C_{t-1}-0.76$。该模型经 AR 根检验，所有 AR 根的模均位于单位圆内，如图 5-8 所示。表示该模型是稳定的。

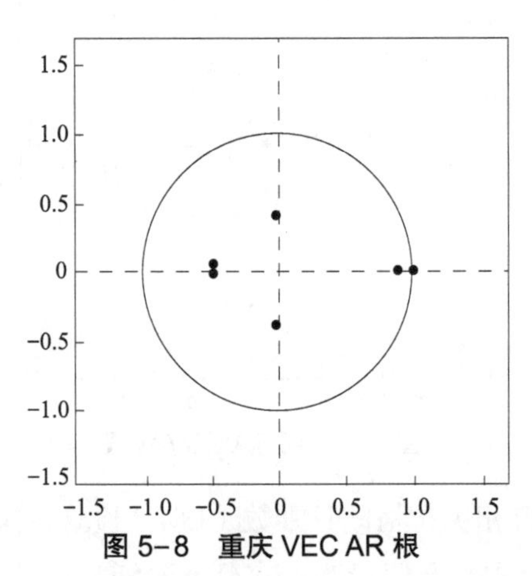

图 5-8　重庆 VEC AR 根

对残差进行自相关 LM 检验，模型残差不存在序列相关，模型可以用于下一步分析。

对于全国尺度，VEC 模型选择 1 阶差分滞后，模型估计结果为

$$\begin{cases}\Delta F=-0.22\boldsymbol{ecm}_{t-1}+0.25\Delta F_{t-1}+1.63\Delta H_{t-1}-0.31\Delta G_{t-1}+0.03\\ \Delta H=-0.02\boldsymbol{ecm}_{t-1}+0.059\Delta F_{t-1}-0.22\Delta H_{t-1}+0.23\Delta G_{t-1}-0.032\\ \Delta G=0.11\boldsymbol{ecm}_{t-1}-0.23\Delta F_{t-1}-1.07\Delta H_{t-1}-0.83\Delta G_{t-1}+0.21\end{cases}\quad 。\tag{5-32}$$

其中，$\boldsymbol{ecm}_{t-1}=F_{t-1}+14H_{t-1}+1.34G_{t-1}-64.08$。该模型经 AR 根检验，所有 AR

根的模均位于单位圆内，表示该模型是稳定的；对残差进行自相关LM检验，模型残差不存在序列相关，模型可以用于下一步分析。

5.4.3 火灾变化短期波动影响因素分析

基于VEC模型进行Granger因果检验，可以判断方程右侧各变量的变化是否在短期内影响着左侧变量的增长，以及右侧所有变量是否共同构成了左侧变量的Granger原因。检验结果如表5-16所示。

表5-16　短期波动因果关系检验结果

尺度	原假设	χ^2统计量	P值	结论
全国尺度	ΔH不是ΔF的Granger原因	0.36	0.54	接受原假设
	ΔG不是ΔF的Granger原因	0.012	0.91	接受原假设
	ΔH联合ΔG不是ΔF的Granger原因	1.15	0.56	接受原假设
江苏	ΔH不是ΔF的Granger原因	4.63	0.03	拒绝原假设
	ΔC不是ΔF的Granger原因	0.20	0.66	接受原假设
	ΔH联合ΔC不是ΔF的Granger原因	4.75	0.09	接受原假设
重庆	ΔH不是ΔF的Granger原因	4.88	0.03	拒绝原假设
	ΔC不是ΔF的Granger原因	0.37	0.54	接受原假设
	ΔH联合ΔC不是ΔF的Granger原因	5.73	0.057	接受原假设

其中，对于全国尺度，ΔF、ΔH、ΔG分别代表火灾发生率、年平均相对湿度、人均GDP的短期波动；对于江苏、重庆，ΔF、ΔH、ΔC分别代表月火灾发生起数、月平均相对湿度、月社会消费品零售总额的短期波动。

检验结果表明，在全国尺度上，分别对年平均相对湿度、人均GDP波动对火灾发生率变化进行Granger检验，均不能在$P < 0.05$的显著水平下拒绝原假设，故经济发展和气候变化因素短期内不构成火灾发生率变化的Granger原因，同时，两者联合也不能在短期内构成火灾发生率波动的Granger原因。

在以江苏、重庆为代表的省域、市域尺度上，分别对月平均相对湿度、月社会消费品零售总额波动对月火灾起数变化进行Granger检验，月平均相对湿度在$P < 0.05$的显著水平下拒绝原假设，而月社会消费品零售总额在$P < 0.05$的显著水平下接受原假设（其中，江苏月社会消费品零售总额

在 $P<0.1$ 的显著水平下拒绝原假设），故气候变化因素短期内构成月火灾起数变化的 Granger 原因，而经济发展因素短期内不构成月火灾起数变化的 Granger 原因，同时，两者联合也不能在 $P<0.05$ 的显著水平下构成火灾起数短期波动的 Granger 原因。

5.5 脉冲响应理论用于致灾因子脉冲对火灾变化的影响分析

5.5.1 脉冲响应理论

VAR 模型常用于分析模型受到冲击时对系统的动态影响，称之为脉冲响应函数方法（Impulse Response Function，IRF）。设 VAR（p）模型为

$$\boldsymbol{y}_t=A_1y_{t-1}+\cdots+A_py_{t-p}+\boldsymbol{\varepsilon}_t。\tag{5-33}$$

其中，$\boldsymbol{y}_t$ 是一个 k 维内生变量向量，$\boldsymbol{\varepsilon}_t$ 是方差为 Ω 的扰动向量。假定在基期给 $\boldsymbol{y}_t$ 一个单位的脉冲，即

$$\varepsilon_{jt}=\begin{cases}1, & t=0\\0, & 其他\end{cases},$$

$$\varepsilon_{it}=0,\ \forall t,\ i=1,\ 2,\ \cdots,\ k,\ i\neq j。$$

它描述了在时期 t，第 j 个变量的扰动项增加一个单位，其他扰动项不变，且其他时期的扰动均为常数的情况下，由 y_1 的扰动项的脉冲引起的 y_i 的变化，称为脉冲－响应函数。可以通过正交脉冲响应函数（Cholesky 分解）或广义脉冲响应函数进行脉冲响应分析，但 Cholesky 分解的结果严重依赖于模型中变量的次序，因此，本书选用广义脉冲响应函数。

广义脉冲响应函数是 Koop 等（1996）提出的，可不依赖于 VAR 模型中变量的次序。假定冲击只发生在第 j 个变量上，向量 $\boldsymbol{y}_{t+q}$ 的响应可表示为

$$\Psi(q,\ \delta_j,\ \Omega_{t-1})=E(\boldsymbol{y}_{t+q}|\varepsilon_{jt}=\delta_j,\ \Omega_{t-1})-E(\boldsymbol{y}_{t+q}|\Omega_{t-1}),\ q=0,\ 1,\ \cdots。\tag{5-34}$$

其中，Ω_{t-1} 表示 $t-1$ 期信息的集合，δ_j 为时期 j 的冲击，ψ 表示 $t+q$ 期的影响。若令 $\sigma_{jj}=E(\varepsilon_{jt}^2)$，$\sum_j=E(\varepsilon_t\varepsilon_{jt})$，$\delta_j=\sqrt{\sigma_{jj}}$ 则响应的广义脉冲响应函数为

$$\Psi_j^{(q)}=\sigma_{jj}^{1/2}\Theta_q\Sigma_j。\tag{5-35}$$

5.5.2　致灾因子脉冲对火灾变化的影响分析

前文证明了江苏、重庆的火灾与经济因子、气候因子之间存在协整关系，并基于协整方程建立了 VEC 模型。本部分使用前面建立的 VEC 模型，采用广义脉冲方法，分析气候突变、经济冲击对火灾变化的影响。

江苏、重庆的火灾起数脉冲分析结果如图 5-9、图 5-10 所示。横轴表示冲击作用的滞后期数，纵轴为火灾脉冲响应函数，代表火灾起数对经济冲击、气候突变的响应。

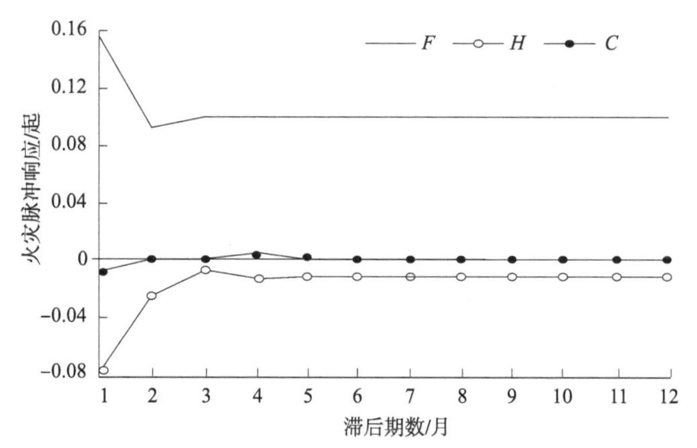

图 5-9　江苏火灾起数脉冲响应函数

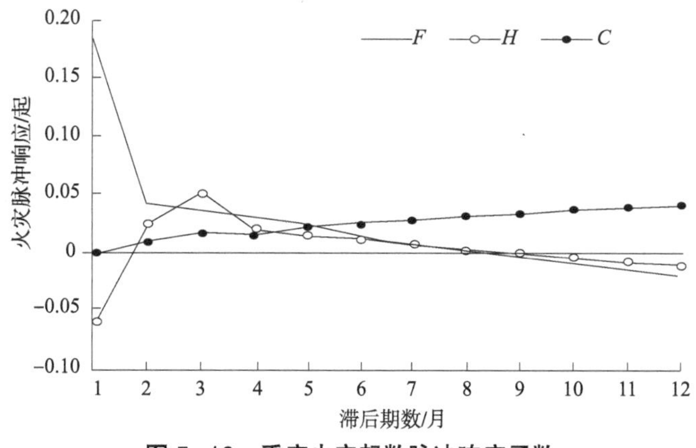

图 5-10　重庆火灾起数脉冲响应函数

从图 5-9、图 5-10 可以看出，给 H 一个正向的冲击，或者发生气候突变大气湿度突然短时增加，对江苏的 F 在第 1 期有最大的负响应，然后开始逐渐减弱，至 3 个月后逐渐趋于平稳，并维持很低的负响应，大致可对 F 产生 -0.01 的影响；重庆的 F 在第 1 期同样有最大的负响应，然后震荡变小，至5个月后对F的影响小于0.01。这说明大气湿度增加，有利于抑制火灾的发生，但抑制作用较弱。

同样地，给C一个正向的冲击，在第1期有较弱的负响应，第2期则几近于0；经济冲击对重庆火灾起数在第1期无影响，然后影响力逐渐上升，在第12期对F的影响为0.039。这说明江苏经济正向冲击对火灾有弱的抑制作用，重庆经济正向冲击则对火灾有一定的促进作用。

对于全国尺度，给H和G一个正向的冲击，对F的脉冲响应如图5-11所示。

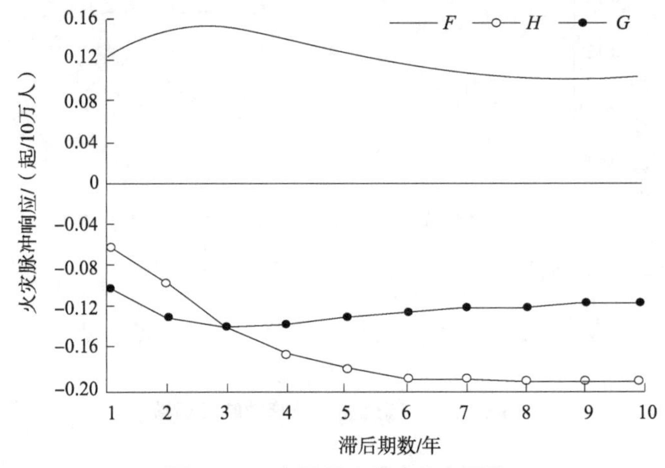

图5-11 全国尺度脉冲响应函数

结果表明，在全国尺度上，H的正向冲击对F将产生负响应，且这种负响应具有长期性，从基期的−0.062，至第6期后稳定于−0.19。G的正向冲击对F同样产生负响应，基期为−0.10，第3期最高为−0.14（绝对值），之后大致稳定于−0.12。

综合以上结果，各地经济冲击对火灾变化影响各不相同，江苏经济正向冲击对火灾有弱的抑制作用，而重庆经济正向冲击则对火灾有一定的促进作用。各地火灾对湿度冲击具有负响应，且这种负响应具有长期性。各种尺度下的火灾对湿度冲击的响应幅度均高于对经济冲击的响应幅度。考虑到未来气候仍将继续变干，其对火灾防灾减灾的压力和挑战将越来越大，社会各界必须高度重视气候变干对火灾态势的影响，加大火灾安全投入，提前做好应对预案，以便使火灾发生处于较低水平。

5.6 方差分解用于致灾因子对火灾变化贡献度分析

5.6.1 方差分解

Sims（1980b）提出了方差分解方法，可以给出 VAR 模型中各变量的相对重要性关系。

第 j 个扰动项 ε_j 从无限过去到现在时点对第 i 个变量 y_i 影响的总和的方差为

$$E\left[\left(\Psi_{0,ij}\varepsilon_{jt}+\Psi_{1,ij}\varepsilon_{jt-1}+\Psi_{2,ij}\varepsilon_{jt-2}+\cdots\right)^2\right]=\sum_{q=0}^{\infty}\left(\Psi_{q,ij}\right)^2\sigma_{jj},\ i,\ j=1,\ 2,\ \cdots,\ k。\tag{5-36}$$

假定扰动项向量的协方差矩阵 $\boldsymbol{\Omega}$ 是对角矩阵。于是 y_{it} 的方差 $r_{ii}(0)$ 是上述方差的 k 项简单和：

$$var\left(y_{it}\right)=r_{ii}\left(0\right)=\sum_{j=0}^{k}\left\{\sum_{q=0}^{\infty}\left(\Psi_{q,ij}\right)^2\sigma_{jj}\right\}。\tag{5-37}$$

定义相对方差贡献率（Relative Variance Contribution，RVC）：根据第 j 个变量基于冲击的方差对 y_{it} 的方差的相对贡献度来作为观测第 j 个变量对第 i 个变量影响的尺度，以测定各个扰动项对 y_{it} 的方差的贡献：

$$RVC_{j\to i}\ (S)=\frac{\sum_{q=0}^{s-1}\left(\Psi_{q,ij}\right)^2\sigma_{jj}}{\sum_{j=0}^{k}\left\{\sum_{q=0}^{s-1}\left(\Psi_{q,ij}\right)^2\sigma_{jj}\right\}},\ i,\ j=1,\ 2,\ \cdots,\ k。\tag{5-38}$$

如果 $RVC_{j\to i}\ (S)$ 大时，意味着第 j 个变量对第 i 个变量的影响大；相反地，$RVC_{j\to i}\ (S)$ 小时，可以认为第 j 个变量对第 i 个变量的影响小。

5.6.2 致灾因子对火灾变化贡献度分析

江苏、重庆各因子对火灾起数 F 的贡献度如图 5-12、图 5-13 所示。

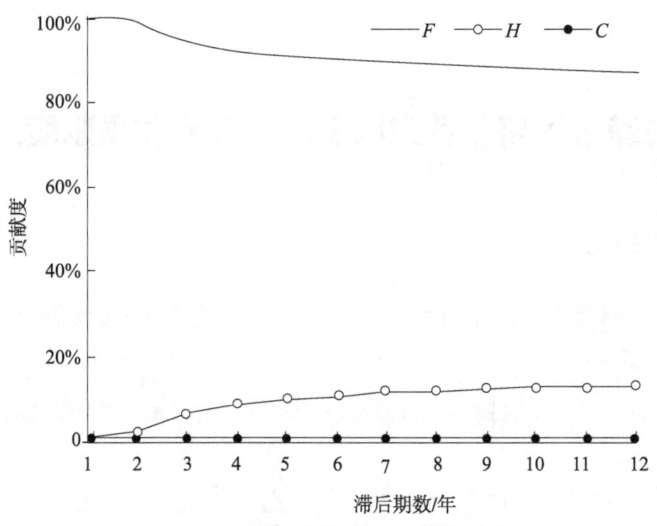

图 5-12 江苏各因子对火灾起数贡献度

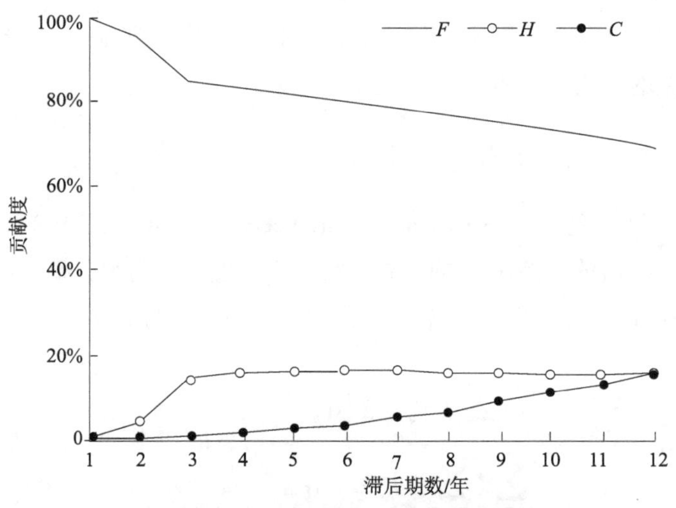

图 5-13 重庆各因子对火灾起数贡献度

从图中可以看出，不考虑火灾惯性的贡献度，江苏的 H 对 F 的影响随时间推移逐渐增长，1 年后的贡献率约为 12.74%；而 C 对 F 的贡献率则始终很低，小于 1%；重庆的 H 对 F 的贡献率在第 3 期后约为 16%，C 对 F 的贡献率在基期为 0，随时间推移逐渐增长，1 年后的贡献率约为 15.30%。总体来看，江苏经济发展对火灾起数的贡献度较低，火灾受气候变化的影响更大；重庆气候因子对火灾起数的贡献较为稳定，经济因子对火灾起数的贡献度逐渐上升，1 年后约与气候因子的贡献度相当。

全国尺度经济因子、气候因子对火灾发生率的贡献度如图 5-14 所示。

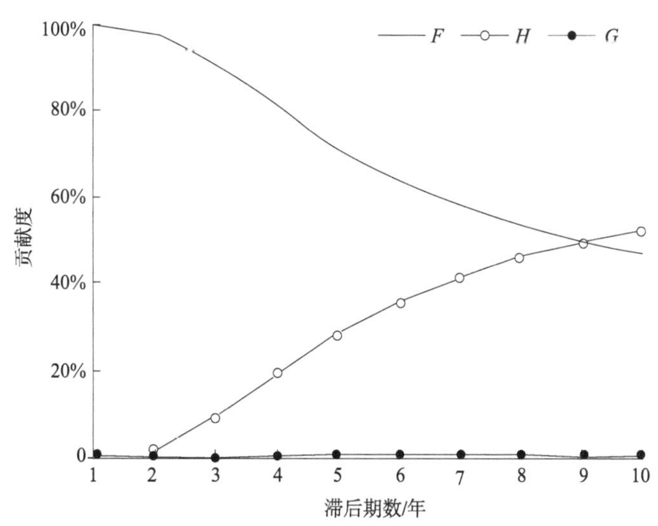

图 5-14　全国尺度各因子对火灾发生率贡献度

从图 5-14 可见，气候因子对全国尺度火灾发生率贡献度随时间变化不断增长，至第 5 期的贡献度约为 24%，至第 10 期的贡献度约为 45%；而经济因子对火灾发生率贡献度则比较低，至第 5 期的贡献度约为 4%，至第 10 期的贡献度约为 7.2%。

总体看来，各种尺度下经济因子对火灾变化的贡献度都低于气候因子对火灾变化的贡献度，这与前文均衡关系的研究结果一致。经济发达的江苏经济因子对火灾起数的贡献度甚至低于 1%，这表明江苏的火灾安全管理水平已经较为稳定，经济发展对火灾的作用更多体现为火灾自身的惯性作用；而重庆经济发展对火灾起到促进作用（均衡关系研究成果），经济因子对火灾起数的贡献度相对较高，说明重庆的火灾安全管理水平有待提高。

这种火灾惯性缘于人们生活习惯、火灾安全管理措施、社会经济生产等因素均具有惯性，从而导致与之相对应的火灾状况及火灾态势变化也具有惯性，而在中国，火灾惯性还更多地受到政策因素的影响。

以江苏省为例。江苏省分为苏南、苏中、苏北三大经济板块，经济发展南北梯级差异明显。江苏省“十一五”期间（2006—2010 年）主要目标是解决发展不平衡、不协调、不全面的问题，重点发展了先进制造业和现代服务业，如电子信息产业、生物医药产业、文化旅游、金融商务等，这些行业发生火灾的概率较低；限制淘汰落后产能，如产能较低的钢铁、小化工厂等，这些单位不但污染环境，还易引发火灾。2005 年 11 月，江苏省提出“沿江、沿沪宁线、沿东陇海线、沿海”发展的“四沿战略”，促进苏南产业向高科技领域集中，调整结构、升级换代；纺织、机械等劳动密集型产业则向苏中、苏北地区转移。在结构调整和产业转移的过程中，不但技术升级、设备更新使得火灾隐患降低，而且火灾安全投资同步增加，火灾安全管理也得到加强。仅2004—2006年，江苏省就新招募了消防员4500名，购置了更多的消防装备，使得防火能力和应急能力得到极大提升。2005年，江苏省还主办了“十运会”。为保障“十运会”的顺利召开，江苏省全面加强了消防监督管理、火灾隐患排查，极大地保障了火灾安全，一些行之有效的做法成为制度一直保持了下去。由于以上措施的综合作用，江苏省在2005年之后，火灾惯性得到根本改变，并表现出与2004年之前不同的火灾惯性和火灾趋势。

第六章　火灾影响因子的空间差异性分析

前文已经分析了经济发展、气候变化会导致火灾发生相应变化，且具有显著的因果关系和长期均衡关系；江苏、重庆月平均相对湿度对火灾起数均有负稳定关系，而江苏月社会消费品零售总额与火灾起数具有负稳定关系，重庆月社会消费品零售总额对火灾起数有正稳定关系。同时，江苏、重庆经济因子、气候因子对火灾的脉冲响应、贡献度也有所差异，这个结果与火灾趋势分类、经济分布、气候分布相结合，提示火灾及其影响因素应具有地域分异现象。

本章首先根据前文研究结果进行火灾区划，将全国分为东北、华北、中南、西部、东南、西南等6个区域；然后使用面板数据模型，分析各区域经济因子、气候因子对火灾宏观变化的影响，对比各区域的火灾地域分异规律；最后提出火灾Kuznets假说（FKC，指随着经济发展，火灾发生率先上升后下降，呈倒U型曲线），并从全国尺度、省域尺度、市域尺度3个层次，对各区域是否存在FKC进行实证分析。

6.1　火灾区划

6.1.1　火灾区划意义与原则

从前文可见，火灾空间分布与变化趋势具有明显的地域分异现象。地域分异指地球表层自然环境及其组成要素在空间分布上的变化规律，即地球表层自然环境及其组成要素，在空间上的某个方向保持特征的相对一致性，而在另一个方向表现出明显的差异和有规律的变化，也称空间地理规律，是指地理环境整体及其组成要素在某个确定的方向上保持特征的相对一致性，而在另一个确定方向表现出差异性，因而发生更替的规律（伍光和，2000）。

在自然环境中，某些地理环境特征会按照确定的方向发生分化，并形成多级自然区域的现象，如南方的炎热和东北的寒冷，东南的梅雨和西北的沙漠，某些高大的山脉所表现出的“一山有四季”，这些都是自然界的地域分异现象。在经济和社会方面，也都有明显的地域分异现象，如中国各地经济发展的特点及差异、方言的分布、建筑特点分布、民俗文化等，均会表现出明显的地域特征。火灾受到自然环境（气候因子）和社会经济的双重影响，由于气候因子具有鲜明的地域分异规律，社会经济也有一定的地域分异特征，因此，火灾也应该具有地域分异规律。

为进一步分析火灾的地域分异，首先需要制定火灾区划。火灾区划是根据火灾变化趋势的地域分布特点，以及综合考虑气象因子和社会经济因子对火灾的影响，将全国划分为不同的区域，以便于制定宏观的减灾防灾政策和消防规划。通过火灾区划，可以分析各区域火灾发展的时空规律及其致灾因子的作用，协调社会经济发展与火灾安全的关系，涉及气候、经济等各个方面。

在进行火灾区划划分时，将遵循以下原则。

①区划的数量不宜过多也不宜过少。过多会使区划工作复杂度增加，也不利于火灾规律的宏观分析；过少则掩盖了火灾地理分布的一些特征，不利于分析火灾的地域分异规律。总体考虑，火灾区划应以 6 ~ 7 个为宜。

②保证省域的完整性。消防部门是以省级行政区划展开工作的，也是以省级行政区划进行年度火灾统计的，因此，保留省域的完整性有利于分析结果与实际火灾数据的对照，也有利于火灾安全的宏观分析。

③主要考虑火灾时空变化和地理板块完整性，兼顾气候和经济特征。

④参考《建筑气候区划标准》（GB 50178—1993）和中国气象局发布的《中国气象地理区划标准》。

6.1.2 火灾时空变化地理特征总结

对火灾时空变化按以下几个方面总结其地理特征，以支撑火灾区划制定。

①起火原因。起火原因的地域分异特征明显。黑河—腾冲线以西及秦岭—淮河以北，冬季气候寒冷干燥，人为火灾比例较高，电气火灾比例较低；黑河—腾冲线以东及秦岭—淮河以南，气候温暖潮湿，人为火灾比例较低，电气火灾比例较高。

②火灾分布。较高火灾发生率（$r > 11.2$ 起 / 10 万人）单元主要分布于东北地区、京津鲁、长三角、新疆、内蒙古、宁夏等地，低火灾发生率单元则主要分布于华南、西南等地，区域差异明显。

③火灾变化趋势。改善区主要分布于东北、华北、华东、华南等地区；恶化区大部分分布于黑河—腾冲线以西及陕西、湖北等地；波动区分布于西南及其他零星地区。

6.1.3　火灾区划过程与结果

火灾区划过程如图 6-1 所示。

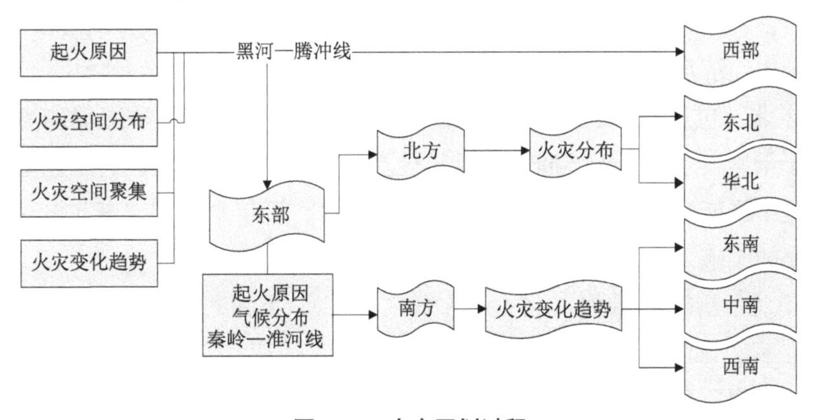

图 6-1　火灾区划过程

根据火灾时空变化地理特征，黑河—腾冲线是一条重要的地理特征线。该线以西地区人为火灾比例较高，电气火灾比例较低，大部分地区火灾发生率较高，火灾变化趋势为恶化区；该线以东地区人为火灾比例较低，电气火灾比例较高，火灾发生率分布地区差异较大，火灾变化趋势为改善区。因此，可以依据黑河—腾冲线将中国火灾区划分为东部、西部两部分。

秦岭—淮河线是另外一条重要的地理分界线。按照该线可将黑河—腾冲线以东的地区分为北方地区、南方地区两部分；北方地区的人为火灾比例要高于南方地区，电气火灾比例低于南方地区。

东北地区在很多方面都被作为一个独立的地理单元，因此，北方地区进一步分为东北、华北（除东北地区外的北方地区）两部分。东北地区整体火灾发生率较大，为火灾高发区，火灾趋势分类为改善区，且改善幅度较大；华北地区由于人口密集，火灾发生率相应较低，火灾趋势分类大部分为改善区。

而南方地区，由于火灾变化趋势差异较大，可进一步分为东南、中南、西南三部分；东南地区火灾趋势分类大部分为改善区，且改善幅度相对较大；西南地区火灾发生率较低，大部分地区为波动区；中南地区火灾态势存在反复，火灾变化趋势较为复杂，改善区、恶化区、波动区均有分布。

基于以上考虑，将全国（不含港、澳、台地区）分为6个区域，每个区域包括所列省份的所有地区。

西部：黑河—腾冲线以西的省份，包括内蒙古、新疆、甘肃、青海、宁夏、西藏。大部分地区冬季漫长严寒，大部分地区夏季干热，雨量稀少气候干燥，气温年较差和日较差均大；人口密度小，早期经济落后，近年来随着“西部大开发”的推进，部分中心城市和资源富集地区发展速度较快，但区域内经济水平差异较大。

东北：包括辽宁、黑龙江、吉林。冬季漫长严寒，夏季短促凉爽，西部偏于干燥，东部偏于湿润，气温年较差很大，冬半年多大风；工业基础雄厚，是中国能源、钢铁、木材和粮食生产基地，近年来随着“东北振兴”国家战略的实施，经济发展较快。

华北：秦岭—淮河以北（不含东北地区），黑河—腾冲线以东的省份，包括北京、天津、河北、山东、陕西、山西、河南。冬季寒冷干燥，夏季较炎热湿润，春秋季短促，气温变化剧烈，降雨集中；大部分属于黄河中下游平原地区，人口密集，工农业基础较好，环渤海经济区是国家政策引导发展的重点区域。

东南：东南沿海的部分省份，包括江苏、浙江、上海、福建、广东、海南。长江中下游地区夏季闷热，冬季湿冷，春末夏初为梅雨期；南端长夏无冬，温高湿重。该区域经济发达，长三角和珠三角地区是中国经济最具活力的地区。

西南：西南的部分省份，包括广西、云南、贵州、四川、重庆。湿度较大，冬温夏凉，干湿季分明，气温的年较差偏小、日较差偏大；除个别中心城市外，经济水平较低。

中南：中部地区的部分省份，包括安徽、湖北、江西、湖南。水网密布，气候湿润；虽然毗邻东部沿海，但由于种种原因，经济发展不尽如人意。

6.1.4　各区域火灾变化

分别计算各火灾区划2000—2009年的火灾发生率平均值，可以发现，各区域火灾分布和火灾变化趋势存在显著的差异，如图6-2所示。

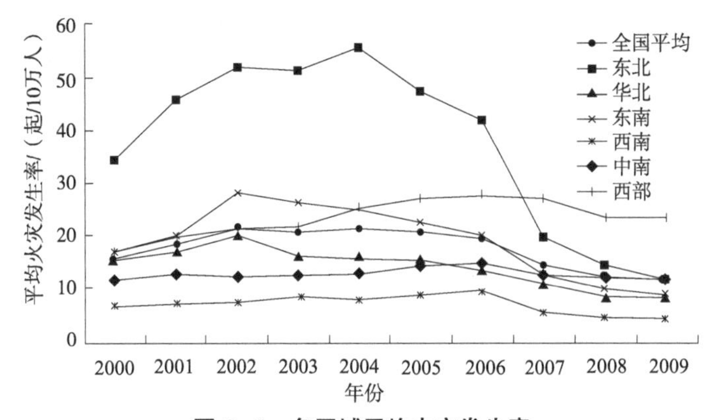

图6-2　各区域平均火灾发生率

2000—2009年，全国平均火灾发生率为27.47起/10万人，各区域平均火灾发生率（从高到低）为：东北（37.26起/10万人）、西部（23.30起/10万人）、东南（19.08起/10万人）、华北（14.09起/10万人）、中南（12.71起/10万人）、西南（7.01起/10万人）。可见，东北地区火灾发生率最高，西南地区火灾发生率最低。

各区域平均火灾发生率随年份的相关系数（从低到高）为：华北（-0.86）、东北（-0.70）、东南（-0.66）、西南（-0.49）、中南（0.20）、西部（0.70）。因此，华北、东北、东南、西南地区火灾改善趋势较为明显，西部地区火灾恶化趋势较为明显，而中南地区火灾起伏波动或内部差异较大，变化趋势不明显。

各地区平均火灾发生率随年份变化的斜率（以平均火灾发生率为因变量，年份为自变量，从小到大）为：东北（-3.77）、东南（-1.50）、华北（-1.07）、西南（-0.30）、中南（0.066）、西部（0.81），表明东北、东南、华北地区火灾改善幅度较大，西部地区火灾恶化幅度也较大，西南地区火灾改善幅度较小。

全国平均火灾发生率2002年之前处于上升期，2002—2006年基本平稳，2006年之后逐年下降。东北地区2006年之前平均火灾发生率最高，且远高于其他区域，在2004年后迅速下降，并于2007年低于西部地区平均火灾发生率，但始终高于全国平均水平；西部地区平均火灾发生率总体呈上升趋势并后来居上，2007年后其平均火灾发生率位于各区域之首；西南地区平均火灾发生率在各年度均为各区域最低，各年度变化也比较平缓；东南地区在2002年之后平均火灾发生率逐年下降，2006年之后低于全国平均水平；华北地区平均火灾发生率大体呈下降趋势，中南地区平均火灾发生率大体呈上升趋势，两地区在2005年之后平均火灾发生率发生交叉，整体上均低于全国平均火灾发生率。

6.2 火灾影响因子敏感性分析的地域分异

本节使用面板数据（Panel Data）模型，分析各区域经济发展、气候变化对火灾变化宏观影响的敏感性。

6.2.1 面板数据模型

面板数据也称时间序列截面数据（Time Series and Cross Section Data）或混合数据（Pool Data）。面板数据含有横截面、时间、变量三维信息，提供了更有价值的数据，可以进行更为深入的分析。变量之间增加了多变性和减少了共线性，并且提高了自由度和有效性（高铁梅，2009；张晓彤，2000）。

面板数据模型的一般形式为

$$y_{it}=\alpha_{it}+\boldsymbol{x}_{it}\beta_i+\varepsilon_{it}。\tag{6-1}$$

其中，y_{it}是因变量，$\boldsymbol{x}_{it}$和β_{it}分别是对应于$i=1，2，\cdots，N$的截面成员的解释变量k维向量和k维参数，α_{it}为截距，ε_{it}为残差。每个截面成员的观测期为$t=1，2，\cdots，T$。

从截面成员角度考虑，可以建立N个截面成员方程：

$$\begin{bmatrix} y_1 \\ y_2 \\ \vdots \\ y_N \end{bmatrix} = \begin{bmatrix} \alpha_1 \\ \alpha_2 \\ \vdots \\ \alpha_N \end{bmatrix} + \begin{bmatrix} x_1 & 0 & \cdots & 0 \\ 0 & x_2 & \vdots & 0 \\ \vdots & \vdots & \vdots & \vdots \\ 0 & 0 & \cdots & x_N \end{bmatrix} \begin{bmatrix} \beta_1 \\ \beta_2 \\ \vdots \\ \beta_N \end{bmatrix} + \begin{bmatrix} \varepsilon_1 \\ \varepsilon_2 \\ \vdots \\ \varepsilon_N \end{bmatrix}, \tag{6-2}$$

若 $\alpha_i = \alpha_j$，$\beta_i = \beta_j$，则表明各个截面成员无个体影响、无截距变化，称为无个体影响的不变系数模型，可以将各截面成员的时间序列数据堆积在一起，利用最小二乘法即可求出参数；若 $\alpha_i \neq \alpha_j$，$\beta_i = \beta_j$，则表明各截面成员截距不同，系数向量相同（无结构变化），称之为变截距模型；若 $\alpha_i \neq \alpha_j$，$\beta_i \neq \beta_j$，则表明各截面成员既存在个体影响（截距不同），又存在结构变化（系数向量不同），称之为变系数模型。

变截距模型是面板数据模型中最常见的一种形式。个体影响可分为固定影响和随机影响两种情形，分别称为固定影响变截距模型和随机影响变截距模型，或者固定个体效应模型和随机个体效应模型。固定影响指每个截面成员截距不同；随机影响把截距看作随机变量。当数据包含所有研究对象时，一般使用固定个体效应模型；当截面成员是随机抽自总体的部分样本时，宜采用随机个体效应模型。

6.2.2　数据平稳性检验

在进行模型设定之前，与前文的时间序列数据类似，为了避免伪回归，确保估计结果的有效性，有必要对面板数据序列进行平稳性检验，可用单位根检验判别面板数据序列的平稳性。

面板数据的单位根检验同时间序列数据有所差异。对于如下 AR（1）过程：

$$y_{it} = \rho_i y_{it-1} + \boldsymbol{x}_{it}\delta_i + u_{it},\ i = 1,\ 2,\ \cdots,\ N;\ t = 1,\ 2,\ \cdots,\ T。 \tag{6-3}$$

其中，$\boldsymbol{x}_{it}$ 表示模型中的外生变量向量，包括各截面的固定影响和时间趋势。N 表示截面成员的个数，T 表示观测时期数，u_{it} 为残差，ρ_i 为自回归的系数。若 $|\rho_i| < 1$，则对应的 y_i 序列为平稳序列；若 $|\rho_i| = 1$，则对应的 y_i 序列为非平稳序列。

如假设各截面序列具有相同的单位根过程（Common Unit Root Process），即 $\rho_i = \rho$（$i = 1，2，\cdots，N$），可用 LLC 检验（Levin et al.，2002）或 Hadri 检验（Hadri，2000）序列是否平稳；如各截面序列具有不同的单位根过程

（Individual Unit Root Process），可用 Im-Pesarn-Skin 检验（Im et al.，2003）、Fisher-ADF 检验或 Fisher-PP 检验（Fisher，1932）序列是否平稳。各种方法的计算过程请参见相关文献（高铁梅，2009；张晓彤，2000），此处不再赘述。

对于火灾发生率（F）、人均 GDP（G）、年平均相对湿度（H）的面板数据序列（3 个变量、337 个截面单元，2000—2009 年共计 10 年的面板数据），由于截面异质性，应该允许各截面序列具有不同的单位根过程，因此，主要使用 Im-Pesarn-Skin、Fisher-ADF 或 Fisher-PP 进行单位根检验。假设各数据序列均具有个体截距和趋势，滞后阶数采用 AIC 准则自动选择，使用 EViews 6.0 进行计算，结果如表 6-1 所示。

表 6-1　面板数据平稳性检验结果

方法	*F*		*G*		*H*	
	统计值	*P* 值	统计值	*P* 值	统计值	*P* 值
Im-Pesarn-Skin 检验	−5.09	0.00	11.47	1.00	−6.38	0.00
Fisher-ADF 检验	1024.00	0.00	299.09	1.00	1192.60	0.00
Fisher-PP 检验	1272.57	0.00	579.72	1.00	1685.06	0.00
结论	平稳		非平稳		平稳	

检验结果表明，在 $P < 0.01$ 的显著水平下，F 和 H 序列均为平稳序列，G 序列为非平稳序列。

再对 F、G、H 进行取自然对数处理后（分别记为 $\ln(F)$、$\ln(G)$、$\ln(H)$）进行平稳性检验，设定形式均为有个体截距和趋势，结果如表 6-2 所示。

除 F、G 使用 Im-Pesarn-Skin 检验方法的检验结果不显著外，其他数据的各种方法检验结果均在 $P < 0.01$ 的显著水平下拒绝原假设，表明 $\ln(F)$、$\ln(G)$、$\ln(H)$ 均为平稳序列，可对其设定线性回归模型，若各项系数显著，则模型有效，不存在“伪回归”。

表 6-2　面板数据（取自然对数处理后）平稳性检验结果

方法	*F*		*G*		*H*	
	统计值	*P* 值	统计值	*P* 值	统计值	*P* 值
Im-Pesarn-Skin 检验	−1.18	0.12	−1.37	0.09	−6.54	0.00
Fisher-ADF 检验	832.76	0.00	803.92	0.00	1205.31	0.00
Fisher-PP 检验	1165.31	0.00	1415.73	0.00	1665.99	0.00
结论	平稳		平稳		平稳	

6.2.3　协整检验

对 F、G、H 的面板数据（337 个截面单元，2000—2009 年共计 10 年的面板数据）进行协整性检验，首先采用基于 Engle-Granger 的 Pedroni 协整检验方法进行检验。

原假设为不存在协整关系；检验形式为不存在确定性趋势，有个体截距，指定滞后长度为 1，检验结果如表 6-3 所示。

表 6-3　基于 Engle-Granger 的 Pedroni 协整检验结果

统计量	统计值	P 值	统计量	统计值	P 值
Panel-v 统计	149.86	0.00	Group-rho 统计	19.51	1.00
Panel-rho 统计	12.00	1.00	Group-PP 统计	−15.69	0.00
Panel-PP 统计	−7.62	0.00	Group-ADF 统计	−2.68	0.00
Panel-ADF 统计	1.10	0.86			

基于 Engle-Granger 的 Pedroni 检验结果表明，Panel-v 统计、Panel-PP 统计、Group-PP 统计、Group-ADF 统计 4 个统计量拒绝原假设，而 Panel-rho 统计、Panel-ADF 统计、Group-rho 统计 3 个统计量接受原假设，可见 Pedroni 检验结果存在矛盾，不能确定变量间是否存在协整关系，需要进一步检验。

以基于 Engle-Granger 的 Kao 协整检验方法进行检验，原假设仍为不存在协整关系；检验形式为不存在确定性趋势，有个体截距，指定滞后长度为 1，检验结果如表 6-4 所示。

表 6-4　基于 Engle-Granger 的 Kao 协整检验结果

方法	统计值	P 值
ADF	−7.02	0.00

Kao 协整检验结果在 $P < 0.01$ 的显著水平下拒绝原假设，表明变量间存在协整关系。

进一步地，以合并 Johansen 的 Fisher 协整检验方法进行检验，趋势假设为无确定性趋势（有截距），滞后间隔（差分阶数）为 0，检验结果如表 6-5 所示。Trace 检验和最大特征根检验的结果均在 $P < 0.01$ 的显著水平下拒绝原假设，且存在 3 个协整向量，表明变量间存在协整关系。

表 6-5 合并 Johansen 的 Fisher 协整检验结果

原假设	Trace 检验		最大特征根检验	
协整方程个数	Fisher 统计值	P 值	Fisher 统计值	P 值
无	2418.00	0.00	2120.00	0.00
至少 1 个	950.70	0.00	812.00	0.00
至少 2 个	939.30	0.00	939.30	0.00

经过以上 3 种方法的检验，可认为变量 $\ln(F)$、$\ln(G)$、$\ln(H)$ 间存在协整关系，即全国市域范围，经济发展、气候变化与火灾变化具有长期均衡关系。

6.2.4 基于柯布 - 道格拉斯生产函数的火灾投入—产出模型

本部分采用固定影响变截距模型，研究各个区域的火灾与经济因子之间的关系。数据范围为中国 337 个地级以上城市 2000—2009 年的面板数据。经济因子选用人均 GDP，气候因子选用年平均相对湿度，火灾因子选用火灾发生率。

柯布（C. W. Cobb）和道格拉斯（P. H. Douglas）于 20 世纪 30 年代提出柯布 - 道格拉斯生产函数，他们以劳动投入 L 和资本投入 K 为解释变量，以 Y 代表产出，构造如下模型：

$$Y = AK^{\alpha}L^{\beta}e^{u}, \tag{6-4}$$

进行对数变换后为

$$\ln(Y_i)=\ln(A)+\alpha\ln(K_i)+\beta\ln(L_t)+u_i。 \tag{6-5}$$

由前文得知，当经济水平、气候状态发生变化时，火灾态势也将产生相应变化。假设以经济因子（人均 GDP）、气候因子（年平均相对湿度）为投入，以火灾因子（火灾发生率）为产出，参照柯布 - 道格拉斯生产函数，建立火灾投入—产出模型：

$$F = AG^{\beta}H^{\gamma}e^{u}。 \tag{6-6}$$

其中，G 为人均 GDP，H 为年平均相对湿度，F 为火灾发生率，u 为残差，β、γ 分别为经济因子、气候因子的弹性。

前文已经证明了 $\ln(F)$、$\ln(G)$、$\ln(H)$ 均为平稳序列且变量间存在协整关系，可直接进行线性回归，结合面板数据模型，建立如下火灾—经济—气候模型：

$$\ln(F_{it})=\alpha+\alpha_i+\beta\ln(G_{it})+\gamma\ln(H_{it})+u_{it}。\quad (6-7)$$

其中，α 为各截面成员截距平均值，α_i 为各截面成员截距偏离平均值 α 的值，μ_{it} 为各截面成员的残差，F_{it} 为单元 i 第 t 期的火灾发生率，G_{it} 为单元 i 第 t 期的人均 GDP，H_{it} 为单元 i 第 t 期的年平均相对湿度，β、γ 分别为 $\ln(G)$、$\ln(H)$ 的系数，称为经济弹性系数、气候弹性系数。

6.2.5　各区域火灾影响因子的敏感性

使用 EViews6.0，采用广义最小二乘法（GLS），按照公式（6-7）对系数及 GLS 加权矩阵进行顺次修正（系数向量先迭代至收敛，然后修正权重，之后再进行迭代，直至均收敛），全国（省域）、全国（市域）及各区域模型的估计结果如表 6-6 所示。

表 6-6　火灾—经济—气候模型估计结果

区域	α	β	γ	决定系数 RR
全国（省域）	11.22（5.03，0.00）	−0.21（−4.92，0.00）	−1.91（−3.67，0.00）	0.89
全国（市域）	12.30（13.54，0.00）	−0.43（−24.91，0.00）	−2.13（−10.08，0.00）	0.87
东北	21.11（5.96，0.00）	−1.11（−18.85，0.00）	−3.62（−4.26，0.00）	0.78
华北	8.30（5.50，0.00）	−0.69（−23.93，0.00）	−1.03（−2.91，0.00）	0.86
东南	13.50（3.36，0.00）	−0.86（−13.14，0.00）	−1.99（−2.19，0.03）	0.76
西南	20.27（6.97，0.00）	−0.62（−15.12，0.00）	−4.06（−6.10，0.00）	0.82
中南	11.89（4.63，0.00）	−0.23（−4.83，0.00）	−2.14（−3.68，0.00）	0.78
西部	5.61（5.04，0.00）	0.16（6.04，0.00）	−0.86（−3.11，0.00）	0.92

注：（）内分别为对应系数的 t 统计值、P 值。G 为人均 GDP，H 为年平均相对湿度，F 为火灾发生率；β、γ 分别为 $\ln(G)$、$\ln(H)$ 的系数，α 为各截面成员截距平均值。

全国（省域）、全国（市域）范围 $\ln(G)$ 系数 β 均显著为负，表明在全国范围内，经济发展有利于改善火灾态势，全国按省域分析，人均 GDP 每增加 1%，火灾发生率降低 0.21%；按市域分析，人均 GDP 每增加 1%，火灾发生率降低 0.43%。西部地区 ln（G）系数 β 显著为正，其他地区 ln（G）系数 β 均显著为负。该结果说明，从宏观层面看，西部地区随着经济发展火灾发生率整体呈上升趋势，人均 GDP 每增加 1%，火灾发生率上升 0.16%；其他地区随着经济发展火灾发生率整体呈下降趋势。全国（市域）火灾随经济发展呈改善趋势，人均GDP 每增加 1%，火灾发生率降低 0.43%；东北地区由于长期为火灾高发区，对火灾安全较为重视，火灾随经济发展改善幅度最明显，人均 GDP 每增加 1%，火灾发生率降低 1.11%；东南地区次之，其经济较为发达，对火灾安全的投入较多，人均 GDP 每增加 1%，火灾发生率降低 0.86%；华北、西南地区火灾也随经济发展而改善，但改善效果较弱；效果最不明显的是中南地区，部分单元火灾态势存在反复，人均 GDP 每增加 1%，火灾发生率平均降低 0.23%。

全国各区域 ln（H）系数 γ 均显著为负，说明气候湿润有助于抑制火灾发生，气候干燥则容易发生火灾。全国按省域分析，平均年相对湿度每降低 1%，将使得火灾发生率上升 1.91%；按市域分析，平均年相对湿度每降低 1%，将使得火灾发生率上升 2.13%。中国气候变化的总体趋势是变暖变干，这将使得火灾有恶化趋势，而经济发展扭转了这种趋势，使得 2002 年后中国火灾整体呈改善趋势。

西南地区火灾对气候变化的敏感度最高，γ 为 −4.06，即在其他因子不变的情况下，年平均相对湿度每降低 1%，火灾发生率上升 4.06%；东北、中南地区火灾对气候变化的敏感度居中，年平均相对湿度每降低 1%，火灾发生率分别上升 3.62%、2.14%；东南、华北、西部地区火灾对气候变化的敏感度较低，年平均湿度每降低 1%，火灾发生率将分别升高 1.99%、1. 03%、0.86%。

西南地区气候季节变化幅度最小，社会各方面已经习惯于长年温暖湿润的气候，因此，面对气候变化的适应性最差，当发生气候变化时火灾发生率的变化幅度也就最高。西部、华北地区四季气候变化剧烈，每当“天干物燥”的时候就比较注意防火安全，年际的气候变化相比于四季气候变化幅度较小，因此火灾对年际气候变化的敏感度就较低。此外，西南地区经济落后，而中南、东北、东南地区经济水平顺序增强；经济越发达，就能够投入更多的资金以保障火灾安全，抵御气候变化的能力增强，火灾对气候变化的敏感性相应降低。

特别地，α_i 表示各截面成员偏离由经济水平、气候状态所决定的理论火灾发生率的程度。除宁夏、重庆外，火灾发生率高于理论值的省均位于东部地区，而广大的中西部地区火灾发生率大多低于理论值。

6.3　火灾 Kuznets 效应的地域分异

6.3.1　火灾 Kuznets 曲线假说

Kuznets（1955）提出经济增长与收入分配呈现一种倒 U 型关系：在经济未充分发展的早期阶段，随着经济发展收入分配差距会加大；当经济充分发展到后期阶段，随着经济发展收入分配差距会缩小。这就是著名的“倒 U 型假说”。此后，很多学者（Robert et al.，1984；Irma，1975）对此进行了补充证明，但对不同的研究对象、不同的研究时段，可能会得出不同的结论。一般来说，横截面的国别数据大多支持这种“倒 U 型假说”，但有很多经济实体［如我国台湾（Fei et al.，1979）、印度（Bruno et al.，1995）等］的时间序列数据不支持这种“倒 U 型假说”。

此外，中外学者在环境污染、城乡收入差异、产业结构、投资、创新、居民储蓄等领域均提出类似的“倒 U 型曲线”。研究最多的是环境 Kuznets 曲线（EKC），即环境质量或污染水平是随经济增长和经济实力的积累呈先恶化后改善的趋势，Grossman 等（1995）、Dinda（2004）、Stern（2004）、包群等（2006）、马树才等（2006）等均从不同方面展开了 EKC 的研究。

在火灾领域，尚未正式提出类似的“倒 U 型曲线”。在文献综述部分提到，Schaenman（1977）、Jennings（1999）、Duncanson 等（2002）发现在发达国家经济水平越高的地方火灾发生率越低；杨立中等（2003）、吴松荣（2006）、彭青松等（2006）则发现在中国经济越发达的地区火灾发生率越高，但经济最发达的上海，火灾呈现出改善趋势。

如图 6-3 所示，1997 年以来，中国经济不断发展，人均 GDP 不断升高，但火灾发生率在 2002 年发生了逆转，即 2002 年以前，火灾发生率逐年升高，2002 年以后，火灾起数和火灾发生率逐年降低。经济发展与火灾变化显然并非简单的线性关系，而呈现出“倒 U 型曲线”，即“Kuznets Curve”（Kuznets 曲线）。

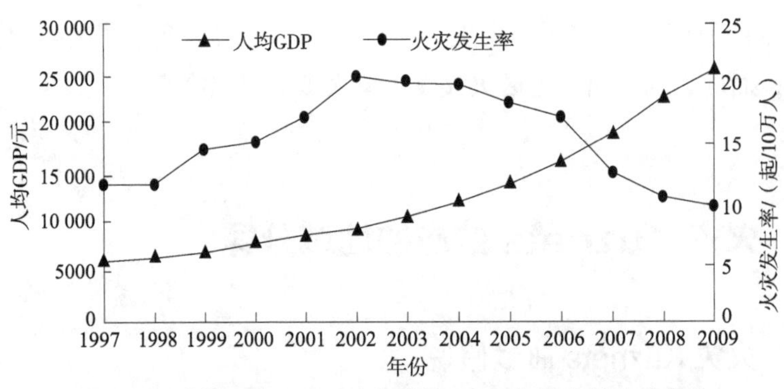

图 6-3 中国 1997—2009 年人均 GDP 与火灾发生率变化

由前文火灾趋势分类，发现东部地区火灾大多呈现改善趋势，西部地区火灾大多呈现恶化趋势，这与我国经济东部发达、西部落后的空间分布状态一致。由此，本书提出火灾 Kuznets 曲线假说（Fire Kuznets Curve，FKC），即指随着经济发展，火灾发生率先上升后下降，呈倒 U 型曲线。在经济发展的初期，发展是主要目标，随着人员、物资的迅速聚集，经济快速发展，火灾隐患同时增多，而火灾安全投入未能同步跟上或投入不足，导致火灾发生率上升；当经济发展到一定阶段，人们追求火灾安全的需求上升，政府、企业、个人会投入更多的资源到火灾安全上，政策、法律也逐步完善，各方预防火灾、应对火灾的能力增强，火灾发生率逐步下降。

关于 Kuznets 曲线的验证方法，主要是对其特征曲线进行实证分析，具体如下。

方法一：拟合方程为二次方程，如下所示。

$$y=ax^2+bx+c。\tag{6-8}$$

其中，x 为自变量（一般为选定的经济因子），y 为因变量，a、b、c 为待定系数。若二次项系数 a 显著为负（$a<0$），则曲线 y（x）呈倒 U 型，Kuznets 曲线成立。

方法二：拟合方程为自变量与自变量倒数的线性组合，如下所示。

$$y=ax+\frac{b}{x}+c,\tag{6-9}$$

若 a、b 均显著为负，则曲线 y（x）呈倒 U 型，Kuznets 曲线成立。

6.3.2 全国尺度 FKC 实证研究

从图 6-3 易知，人均 GDP—火灾发生率曲线呈“倒 U 型”。下面对其进行实证分析。

假设拟合方程为二次方程，自变量为人均 GDP，因变量为火灾发生率，建立如下模型：

$$\ln(F)=a\ln^2(G)+b\ln(G)+c\text{。} \qquad (6\text{-}10)$$

其中，F 为火灾发生率，G 为人均 GDP，a、b、c 为待定系数。

运用 OLS 进行估计，结果为

$$\ln(F)=-1.41\ln^2(G)+26.47\ln(G)-121.20\text{。} \qquad (6\text{-}11)$$

其中，( ) 内分别为对应系数项的 t 统计值和 P 值。决定系数 $RR=0.91$，F 检验值 = 52.16，P 值 = 0.00。

结果显示，各项系数均在 99% 置信水平下显著，二次项系数显著为负，表明全国尺度存在 FKC。发生 FKC 拐点时的人均 GDP（G_0）为

$$\begin{aligned} G_0 &= \exp\left(-\frac{b}{2a}\right) \\ &= \exp\left(-\frac{26.47}{-2\times 1.41}\right) \\ &= 11\,926.58\text{。} \end{aligned}$$

这一人均 GDP 水平高于 2003 年人均 GDP 10 524 元，低于 2004 年人均 GDP 12 336 元，表明全国尺度 FKC 平均意义上的拐点发生在 2004 年。

模型拟合结果如图 6-4 所示。

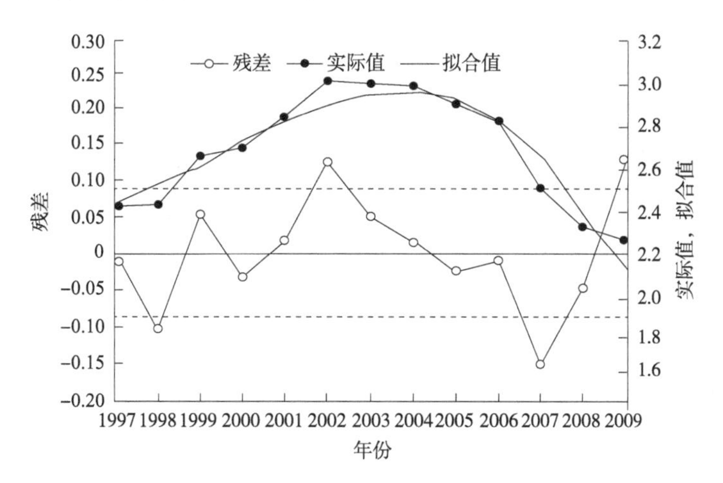

图 6-4　全国尺度 FKC 拟合曲线

从上图可见，按照实际数据序列分析，真实的拐点当发生在 2002 年，但拟合模型在 2002 年具有最大残差，拟合拐点推迟到 2004 年。

6.3.3 省域尺度 FKC 实证研究

由前文研究结果可知，中国各省经济水平差异较大，火灾变化也存在较大差异。下面从省域尺度研究是否存在 FKC。研究单元为全国除台湾、香港、澳门外的 31 个省 2000—2009 年的各项数据，经济因子选取人均 GDP，火灾因子选取火灾发生率。火灾数据来自 2001—2010 年《中国火灾统计年鉴》，人均 GDP 来自国家统计局网站共享数据。另考虑到气候因子对火灾的影响及各省明显的气候差异，增加气候因子对 FKC 模型进行扩展，省域气候数据来源与处理同第二章。基于面板数据固定效应模型，建立如下扩展 FKC 实证模型：

$$\ln(F_{it})=\alpha+\alpha_i+\beta_1\ln(G_{it})+\beta_2\ln^2(G_{it})+\beta_3\ln(H_{it})+u_{it}。 \tag{6-12}$$

其中，α 为各截面成员截距平均值，α_i 为各截面成员截距偏离平均值 α 的值，u_{it} 为各截面成员的残差，F_{it} 为单元 i 第 t 期的火灾发生率，G_{it} 为单元 i 第 t 期的人均 GDP，H_{it} 为单元 i 第 t 期的年平均相对湿度，β_1、β_2、β_3 为待定系数。截面成员指各省。

运用 GLS 进行估计，结果为

$$\ln(F_{it})=8.82+\alpha_i+2.17\ln(G_{it})-0.52\ln^2(G_{it})-1.92\ln(H_{it})+u_{it}。 \tag{6-13}$$

上式中各项系数均在 99% 的置信水平下显著，决定系数 $RR=0.91$，F 检验值 $=83.34$，P 值 $=0.00$。

从拟合结果可见，各项系数均在 99% 置信水平下显著，$\ln(G_{it})$ 二次项系数显著为负，表明省域尺度整体上存在 FKC。

为进一步研究各省单独是否存在 FKC，运用固定效应截面变系数模型进行分析。模型如下：

$$\ln(F_{it})=\alpha+\alpha_i+\beta_{1i}\ln(G_{it})+\beta_{2i}\ln^2(G_{it})+u_{it}。 \tag{6-14}$$

其中，β_{1i}、β_{2i} 分别为单元 i 的一次项、二次项系数，其他参数含义同上。

运用 GLS 进行估计，结果截距平均值 $\alpha=-5.30$ 且在 99% 置信水平下显著。β_{1i}、β_{2i} 的估计结果如表 6-7 所示。

表 6-7　省域尺度 FKC 固定效应截面变系数模型估计结果

省份	β_{1i}			β_{2i}		
	系数	t 统计值	P 值	系数	t 统计值	P 值
北京	12.53	3.74	0.00	−1.71	−3.81	0.00

续表

省份	β_{1i}			β_{2i}		
	系数	t统计值	P值	系数	t统计值	P值
天津	5.24	1.96	0.05	−0.96	−2.52	0.01
河北	6.95	3.67	0.00	−1.52	−4.19	0.00
山西	−0.19	−0.26	0.80	0.08	0.55	0.58
内蒙古	1.50	1.62	0.11	−0.16	−0.95	0.34
辽宁	19.40	10.43	0.00	−3.50	−11.25	0.00
吉林	6.30	5.40	0.00	−1.30	−5.86	0.00
黑龙江	17.85	5.57	0.00	−3.70	−6.05	0.00
上海	4.05	0.56	0.58	−0.54	−0.58	0.57
江苏	10.28	6.38	0.00	−1.74	−6.75	0.00
浙江	6.34	1.21	0.23	−1.21	−1.48	0.14
安徽	3.18	2.89	0.00	-0.78	-3.08	0.00
福建	12.61	4.43	0.00	−2.19	−4.57	0.00
江西	1.44	1.29	0.20	−0.35	−1.38	0.17
山东	3.64	2.34	0.02	−0.79	−2.96	0.00
河南	4.20	2.89	0.00	−1.15	−3.73	0.00
湖北	1.70	1.10	0.27	−0.22	−0.71	0.48
湖南	6.83	6.69	0.00	−1.51	−6.98	0.00
广东	14.97	5.63	0.00	−2.51	−5.93	0.00
广西	4.40	4.54	0.00	−1.20	−5.36	0.00
海南	10.58	11.59	0.00	−2.09	−11.12	0.00
重庆	4.42	3.36	0.00	−0.88	−3.26	0.00
四川	9.23	5.19	0.00	−2.07	−5.17	0.00
贵州	2.36	1.51	0.13	−0.93	−2.01	0.05
云南	6.07	4.56	0.00	−1.58	−4.94	0.00
西藏	3.78	1.78	0.08	−0.86	−1.74	0.08
陕西	4.95	4.48	0.00	−1.01	−4.30	0.00
甘肃	5.68	5.65	0.00	−1.61	−6.38	0.00
青海	0.67	1.14	0.26	−0.04	−0.30	0.76
宁夏	0.16	0.23	0.82	−0.01	−0.06	0.96
新疆	6.57	4.97	0.00	−1.26	−4.79	0.00

结果显示，在95%置信水平下，除山西、内蒙古、上海、浙江、江西、湖北、西藏、青海、宁夏外的其他省各项系数均显著，西藏在90%置信水平下显著，除山西外的各省二次项系数均为负。这说明，除山西、内蒙古、上海、浙江、江西、湖北、青海、宁夏外的其他23个省均存在FKC。

调整模型形式为

$$F_t=\alpha+\beta_1 G_t+\beta_2 G_t^2+u_t。\tag{6-15}$$

其中，G_t、F_t分别为t年度的人均GDP、火灾发生率自然对数值，β_1、β_2为待定系数。

运用OLS方法对山西、内蒙古、上海、浙江、江西、湖北、青海、宁夏数据分别进行回归。

青海的拟合结果为

$$F_t=5.44+1.72G_t-0.036G_t^2+u_t,\tag{6-16}$$

湖北的拟合结果为

$$F_t=-3.11+2.28G_t-0.058G_t^2+u_t。\tag{6-17}$$

青海、湖北的拟合模型各系数均在95%置信水平下显著，而山西、内蒙古、上海、浙江、江西、宁夏的回归系数仍然不显著。这表明，青海、湖北具有FKC，而山西、内蒙古、上海、浙江、江西、宁夏不具有FKC。

如果去掉二次项，仅考虑如下形式：

$$F_t=\alpha+\beta_1 G_t+u_t,\tag{6-18}$$

结果如表6-8所示。上海、江西拟合结果的一次项系数仍不显著，而山西、内蒙古、浙江、宁夏的各项系数均显著（其中，宁夏β_1在90%置信水平下显著，其他省的拟合结果各项系数在99%置信水平上显著）。这表明，上海、江西的火灾发生率存在反复，火灾变化与经济发展的关系不明显；山西、内蒙古、宁夏随着经济发展火灾发生率呈线性恶化，表明这些省还未到达FKC拐点，火灾仍在恶化；浙江随着经济发展火灾发生率呈改善趋势，表明浙江已经度过了FKC拐点，FKC拐点不包含在研究时段内。

表6-8　山西等6省火灾双对数线性模型回归结果

省份	α	β_1	决定系数RR	F检验值	P值
山西	8.79（13.21，0.00）	0.21（4.34，0.00）	0.70	18.86	0.00
内蒙古	9.26（5.74，0.00）	0.72（9.63，0.00）	0.92	92.79	0.00
上海	40.80（4.87，0.00）	−0.087（−0.56，0.59）	0.037	0.31	0.59

续表

省份	α	β_1	决定系数 *RR*	*F* 检验值	*P* 值
浙江	60.37（5.95，0.00）	−1.24（−3.60，0.00）	0.62	12.97	0.01
江西	15.57（10.36，0.00）	−0.16（−1.10，0.30）	0.13	1.22	0.30
宁夏	50.05（14.47，0.00）	0.58（2.10，0.07）	0.36	4.43	0.07

综上所述，证明了山西、内蒙古、上海、浙江、江西、宁夏不存在 FKC，其他 25 个省存在 FKC。其中，山西、内蒙古、宁夏尚处于 FKC 拐点左侧，火灾仍呈恶化趋势；浙江处于 FKC 拐点右侧，火灾已呈改善趋势；上海、江西火灾发生率存在反复，火灾变化与经济发展的关系不明显。

6.3.4 市域尺度 FKC 实证研究

前文证明了省域尺度总体上存在 FKC，单独就各省而言，山西、内蒙古、上海、浙江、江西、宁夏不存在 FKC，其他 25 个省存在 FKC。本部分按照上一章的火灾区划，从市域尺度研究各区域是否存在 FKC。

仍采用二次拟合方程证明各区域是否存在 FKC。模型如下：

$$\ln(F_{it})=\alpha+\alpha_i+\beta_1\ln(G_{it})+\beta_2\ln^2(G_{it})+\beta_3\ln(H_{it})+u_{it}。 \quad (6\text{-}19)$$

其中，α 为各截面成员截距平均值，α_i 为各截面成员截距偏离平均值 α 的值，u_{it} 为各截面成员的残差，F_{it} 为单元 i 第 t 期的火灾发生率，G_{it} 为单元 i 第 t 期的人均 *GDP*（千元），H_{it} 为单元 i 第 t 期的年平均相对湿度，β_1、β_2、β_3 为待定系数。若 β_2 显著为负，则表明该区域存在 FKC；反之，则表明不存在 FKC。模型估计结果如表 6-9 所示。

表 6-9 市域尺度 FKC 拟合曲线回归结果

区域	α	β_1	β_2	β_3	决定系数 *RR*	线形	拐点
全国	20.94（12.51，0.00）	0.13（2.56，0.01）	−0.12（−12.13，0.00）	−1.95（−9.59，0.00）	0.87	倒 U	1718
东北	14.59（4.58，0.00）	0.94（4.06，0.00）	−0.40（−9.13，0.00）	−2.64（−3.50，0.00）	0.85	倒 U	3238
华北	7.13（4.33，0.00）	0.61（4.85，0.00）	−0.27（−10.98，0.00）	−1.10（−2.88，0.00）	0.84	倒 U	3094
东南	9.99（2.57，0.01）	0.64（2.33，0.02）	−0.25（−5.36，0.00）	−1.66（−1.89，0.059）	0.75	倒 U	3596

续表

区域	α	β_1	β_2	β_3	决定系数 *RR*	线形	拐点
西南	18.91 （6.37，0.00）	0.11* （0.74，0.46）	−0.20 （−5.25，0.00）	−3.88 （−5.74，0.00）	0.80	—	—
中南	15.01 （6.17，0.00）	−1.01 （−6.85，0.00）	0.17 （6.01，0.00）	−2.67 （-4.93，0.00）	0.84	正 U	19503
西部	5.54 （5.02，0.00）	0.26 （3.09，0.00）	−0.02* （−1.28，0.20）	−0.86 （−3.17，0.00）	0.93	—	—

注：( ) 中为对应参数的 *t* 统计值、*P* 值；* 表示该项系数在 90% 置信水平下不显著。

从表 6−9 可以看出，2000—2009 年，全国总体上存在 FKC，东北、华北、东南地区存在 FKC，中南地区不存在 FKC。这表明，东北、华北、东南地区随着经济发展，火灾态势先恶化，在经济水平达到一定程度后，人们的火灾安全意识增强，火灾安全投入提高，火灾态势趋于改善，经济—火灾曲线呈现“倒 U 型”；中南地区则随着经济发展，火灾状况出现反复，经济—火灾曲线呈“正 U 型”，近年来有反弹趋势，ln（G）二次项系数 β_2 为正，且其拐点人均 GDP 19 503 元大于 2008 年该地区人均 GDP 平均值 18 313 元，小于 2009 年平均值 20 779 元，故平均意义上的反弹拐点当发生于 2009 年。西南（β_1）、西部（β_2）地区分别有估计系数不显著，需要重新调整模型，再进一步判定。

对西南、西部地区建立如下模型：

$$F_{it}=\alpha+\alpha_i+\beta_1\ln(G_{it})+\beta_2\ln^2(G_{it})+u_{it}。\qquad(6-20)$$

各参数含义同式 6−19。采用 GLS 对模型进行估计，西部地区的估计结果为

$$F_{it}=22.66+\alpha_i-3.28\ln(G_{it})+1.38\ln^2(G_{it})+u_{it},\qquad(6-21)$$

式中各参数均在 95% 置信水平下显著。可见，其曲线呈“正 U 型”，表明西部地区不存在 FKC。

西南地区的估计结果为

$$F_{it}=6.34+\alpha_i+3.57\ln(G_{it})-1.52\ln^2(G_{it})+u_{it},\qquad(6-22)$$

式中各参数均在 95% 置信水平下显著。可见，其曲线呈“倒 U 型”，表明西南地区存在 FKC。

经以上 FKC 实证分析，全国总体上存在 FKC。东北、华北、东南、西南地区经济发展与火灾变化呈“倒 U 型曲线”，存在 FKC；中南、西部地区

经济发展与火灾变化呈“正U型曲线”，不存在FKC。

全国平均FKC拐点为人均GDP 1718元，各区域FKC拐点差异较大，最高为东南地区的3596元，最低为华北地区的3094元，这些值均低于各区域2000年的人均GDP平均值（全国2000年各单元人均GDP平均为8050元，东南地区各单元平均为16 016元，华北地区各单元平均为7936元）。这说明，有相当一部分单元在2000年以前就度过了FKC拐点，各单元FKC拐点时间不一；或者部分单元不存在FKC拐点，火灾发生率随经济发展一直呈改善趋势。此外，即便存在FKC，各地火灾发生率从恶化到稳定再到改善，和各地的贫富差距、社会秩序、人口素质，以及政策法规等因素密切相关，不能得出经济达到何种水平时火灾态势会趋向改善的普适结论。

从表6-10可见，东北、华北、东南、西南地区，在经济发展的过程中，区域内部经济水平差距均不同程度地缩小，缩小幅度最大的为东南地区，其人均GDP变异系数从1.16缩小到0.56，人均GDP最低的西南地区变异系数则从0.65降低到0.48，相应出现FKC；而中南地区区域内部差距则扩大，人均GDP变异系数从0.46扩大为0.58，西部地区则始终维持高位，对应火灾曲线为“正U型曲线”。

表6-10　各区域2000年及2009年年平均相对湿度、人均GDP统计

区域	H_{2000}		G_{2000}/万元		H_{2009}		G_{2009}/万元		R_g	B_{2000}	B_{2009}
	均值	偏差	均值	偏差	均值	偏差	均值	偏差			
东北	65.07%	4.57%	0.898	0.726	63.52%	4.12%	2.827	1.578	3.15	0.81	0.56
华北	65.55%	6.68%	0.764	0.500	62.47%	6.32%	2.826	1.689	3.70	0.65	0.60
东南	76.94%	1.96%	1.602	1.854	73.14%	2.08%	3.865	2.169	2.41	1.16	0.56
西南	75.95%	4.64%	0.450	0.294	70.87%	4.73%	1.445	0.696	3.21	0.65	0.48
中南	73.39%	3.02%	0.577	0.267	72.92%	1.75%	2.078	1.214	3.60	0.46	0.58
西部	52.87%	6.59%	0.611	0.592	50.09%	6.95%	2.787	2.659	4.56	0.97	0.95

注：H_{2000}、H_{2009}分别表示2000年、2009年的年平均相对湿度统计值，G_{2000}、G_{2009}分别表示2000年、2009年的人均GDP统计值，经济发展速度$R_g = G_{2009}/G_{2000}$，B_{2000}、B_{2009}分别为2000年、2009年人均GDP变异系数。

由此可见，如区域内经济水平差距缩小，则可能出现FKC，近期火灾状况改善；如区域内经济水平差距扩大或较大，则可能不存在FKC，近期火灾状况恶化。这表明，FKC与各地区的实际经济水平关系不大，而与该地区内贫富差距相关，亦即“不患贫而患不均”。若区域内贫富差距降低，说明社会发展与经济发展协调一致，火灾安全作为社会事业重要的组成部分，也会受到重视，从而出现FKC；反之，若区域内贫富差距扩大或过大，落后地区发展的冲动更强烈，可能会忽视火灾安全，火灾态势则会恶化或出现反复。

6.3.5 火灾变化 FKC 的变化原因

前文证明了在全国尺度、省域尺度、市域尺度大都存在FKC。根据前面提出的FKC假说，经济发展与火灾安全投入相关，而火灾安全投入将直接影响到火灾变化趋势。

范平安（2008）认为，在市场经济中，由于利益主体和市场主体呈现多元化，导致火灾经济也出现多元化。政府的职责是维护公共安全和社会稳定，是公共消防设施（消防队站及消防装备）的主要投入者和消防安全的管理者（消防监督、行政处罚等）；企业追求企业利益最大化，虽然自身不愿意发生火灾，但对消防设施（自动喷淋设施、烟雾探测器等）及消防管理（专职消防队伍、消防培训等）的投入是被动的；公民希望得到火灾安全保障，但支付能力有限，只能对工作、居住环境进行有限投入（灭火器等），或者对火灾安全存在问题的公共场所表达不满（不去消费、向消防机构进行举报投诉等）。各方利益是一个动态博弈的过程，通过利益博弈达到均衡。进一步地，从城市公共消防设施、企业消防安全投入等几个方面谈谈经济因素对火灾的影响。

城市公共消防设施主要由政府主导建设。主要的城市公共消防设施包括消火栓、消防队站、消防通道、消防通信网络（火警电话）等，消防队站的投入又包括消防官兵、训练场地与训练器材、消防车辆装备、灭火药剂等的投入，这些投入称之为消防经费。世界火灾统计中心（WFSC）统计了部分国家的消防经费投入情况（WFSC，2007—2010；伍伟，2011），如表6-11所示。

表6-11 部分国家消防经费占GDP的比重

国别	2005—2006年	2006—2007年	2007—2008年	2008—2009年
英国	0.20%	0.20%	0.21%	0.19%
美国	0.25%	0.26%	0.26%	0.26%
日本	0.33%	0.34%	0.34%	0.35%
澳大利亚			0.26%	0.27%

可见，发达国家消防经费投入普遍在 0.20% 以上；而在中国，政府提供的消防经费平均占 GDP 的 0.056%（伍伟，2011）。中国正处于转型期经济发展的关键阶段，尚属于发展中国家，公共消防设施投入由政府单独负担，各城市普遍存在消防经费投入不足、消防基础设施欠账率高、消防警力规模偏小等问题（伍伟，2011）。公共消防设施建设不足必然影响到火灾安全水平及应急响应能力。这就表现为 FKC 的前半段，即经济快速发展，火灾隐患同时增多，而火灾安全投入未能同步跟上或投入不足，导致火灾发生率上升。

在构建“和谐社会”的目标指引下，中国政府近年来加大了消防经费的投入，未来会进一步追加公共消防设施建设投入（伍伟，2011）。这就形成了 FKC 的后半段，即人们追求火灾安全的需求上升，火灾安全投入增加，政策、法律也逐步完善，预防、应对火灾的能力增强，火灾发生率逐步下降。例如，北京市 2009 年的公安消防队数、消防车辆数分别是 2000 年的 1.83 倍、2.21 倍。2007 年 5 月，公安部、国家发展改革委、财政部联合印发《第三期公安消防特勤装备建设规划》，决定从 2007—2010 年，采取“中央补贴、地方按比例配套”的方法，在全国重点城市、地区组建 120 个公安消防特勤中队，逐步构建完善消防特勤救援力量体系，增强抗御重大灾害事故的能力。但在全国范围内，消防经费投入存在严重的不平衡状况，东部经济发达地区消防经费投入增幅较大，西部欠发达地区消防经费投入增幅偏低（伍伟，2011）。所以，这就造成了东部地区存在 FKC，而西部地区不存在 FKC。

企业是生产经营的主体，也是火灾安全的主要投入方之一。企业消防安全投入的主要内容为火灾安全管理费用和消防设施建设维护费用（陈俊，2007）。火灾安全管理费用包括消防知识及逃生技能培训、火灾宣传、消防安全检查、企业消防力量训练等活动所发生的费用；消防设施建设维护费用包括消防设施的引进、培训、建设、维修、保养、运转等过程所发生的费用。显然，消防安全投入对企业而言是一个不小的负担。对于企业而言，盈利是主要目标，因而在火灾预防中普遍存在风险偏好，即在可能的损失（火灾损失）和确定的损失（消防安全投入）之间进行选择时，倾向于选择可能的损失（陈琨 等，2006）。这就造成了企业消防安全投入严重不足，火灾隐患多，甚至当消防管理部门提出整改要求时仍然拒不整改或整改不彻底。宏观上就表现为 FKC 的前半段，即火灾变化随经济发展而恶化。

但近年来企业已经逐步意识到消防安全管理的重要性，并逐步增加了消防安全投入。这一方面是由于政府加强了对企业消防安全的管理，完善了相关的法律规章制度。例如，2001 年发布的《机关、团体、企业、事业单位消防安全管理规定》，2009 年开始实施的新版消防法，都对企业的消防安全责任做了明确规定。陈俊（2007）用博弈论分析了消防部门监督检查与企业整改的关系，认为若消防部门按照某个概率对企业进行检查并处以经济处罚，则被检查企业可望 100% 积极整改。另一方面是企业自身加强消防安全管理的动力增加，包括对火灾损失（人员伤亡、经济损失）的忧虑；社会其他重特大火灾的警示作用；职工因灾赔付金额的上升；社会舆论环境的压力；企业承担的社会责任等。理性的企业会把现在的投入成本和未来可能损失的期望值进行比较，而后做出最佳选择（安虎森 等，2009）。

2006 年 3 月，公安部和中国保险监督管理委员会联合下发《关于积极推进火灾公众责任保险切实加强火灾防范和风险管理工作的通知》，推动全国各地开展火灾公众责任保险。火灾保险作为财产保险的一个主要险种，为保护恢复生产、安定生活起到了重要作用，同时强调了企业火灾安全管理的主体地位。保险公司如将一部分火灾损失由企业自己承担（即免赔额），并增加违约成本，企业将会积极增加消防投入（安虎森 等，2009；陈俊，2007；陈琨 等，2006）。

随着中国企业效益的增加和社会责任感的增强，火灾安全投入相应增加，火灾安全管理水平不断提升，社会整体的火灾态势趋于改善。宏观表现为 FKC 的后半段，即经济发展到一定程度，火灾态势将随着经济的发展逐步改善。

第七章 火灾态势时空变化分析

各年度全局 Moran 指数均表明火灾发生率空间分布存在很强的空间依赖性。前一章利用面板数据进行研究，结果表明全国火灾态势随经济发展而趋向改善，随气候变干而趋向恶化，并证明全国总体上存在 FKC。但由于未考虑空间相关性，所得出的结论可能存在不足。在文献综述部分，也分析了城市火灾研究中，考虑火灾时空因素的研究还不多见。本章利用空间动态面板数据模型（SDM），在火灾投入—产出模型的基础上，再增加空间滞后、时间滞后、时空联合滞后等时空因子，分析时空因素对火灾态势变化的影响。

7.1 空间动态面板数据模型

7.1.1 空间面板数据模型

Tobler（1970）曾指出“地理学第一定律：任何东西与别的东西之间都是相关的，但近处的东西比远处的东西相关性更强”，称之为空间自相关。其基本思路是某地所发生的事件、行为与现象，会直接或间接影响到另一地发生的事件、行为与现象，因此，某一处的观测与其他各地观测之间存在着函数关系，如相邻地区的房产价格相近。此外，在研究自然环境、社会经济问题时，还必须考虑时间序列的自相关性，即前后时刻的数值或数据点位置具有相关性，这种相关性体现了时间序列变化的规律性，如某地相近时刻的房产价格也相近。对于空间面板数据而言，则还要考虑时空联合的相关性，即前后时刻的相邻位置的观测值具有相关性，如某处房产定价时也会参考周边地区的历史报价。空间面板数据模型结合了横截面和时间序列的面板数据，既考虑了变量的地区差异和时间影响，又避免了自变量的遗漏和多重共线性问题，得到了越来越多的应用。

由于空间相关性的普遍存在，越来越多的学者开始关注空间自相关现象。Anselin（1988）最早开始进行空间面板数据模型的研究，在其著作 *Spatial Econometrics*：*Methods and Models* 一书中，系统地阐述了有关空间计量经济学的理论和实证应用。此后，Kao（1999）、Baltagi（2001）、Mauro 等（2007）、Elhorst（2003）等均在不同方面结合空间面板数据展开了研究。

常用的空间面板数据模型包括空间滞后模型（SLM）和空间误差修正模型（SEM）。

空间滞后模型：

$$y_n = \lambda_0 \boldsymbol{W}_n y_n + \boldsymbol{X}_n \beta_n + \boldsymbol{\varepsilon}_n \text{。} \tag{7-1}$$

其中，y_n 是因变量，$\boldsymbol{X}_n$、β_n 分别是对应于 $i=1, 2, \cdots, N$ 的截面成员解释变量 k 维向量和 k 维参数，$\boldsymbol{W}_n$ 为空间权重矩阵，λ_0 为空间回归系数，$\boldsymbol{\varepsilon}_n$ 为随机误差向量。空间滞后主要用于研究空间溢出效应（Spillover Effect），即指某种过程中的外部个体对未参与过程周围个体的影响。

空间误差模型：

$$\begin{cases} y_n = \boldsymbol{X}_n \beta_0 + \boldsymbol{u}_n \\ \boldsymbol{u}_n = \lambda_0 \boldsymbol{W}_n \boldsymbol{u}_n + \boldsymbol{\varepsilon}_n \end{cases} \text{。} \tag{7-2}$$

其中，y_n 是因变量，$\boldsymbol{X}_n$、β_n 分别是对应于 $i=1, 2, \cdots, N$ 的截面成员解释变量 k 维向量和 k 维参数，$\boldsymbol{u}_n$ 为随机误差向量，$\boldsymbol{W}_n$ 为空间权重矩阵，λ_0 为空间回归系数，$\boldsymbol{\varepsilon}_n$ 为正态分布的随机误差向量。空间误差模型通过不同地区间残差的结构关联体现空间效应，常用于研究由于空间位置不同而产生差异的地理现象。

国内外学者应用空间计量方法在诸如区域经济发展、金融生态、劳动力流动、财政支出、城市化、资源差异、收入差距、经济趋同等方面开展了很多研究，并逐渐在农业、生物、环境、地理等领域使用空间计量方法。本书选取的部分文献如表 7-1 所示。

表 7-1　国内近年来空间计量研究文献

作者	研究主题	数据尺度	技术方法
吴玉鸣（2006）	研发与创新经济趋同	省域	空间滞后模型，空间误差模型
蔡碧良（2009）	劳动就业	省域	空间滞后模型，空间误差模型
项大成（2009）	财政支出	省域	空间滞后模型，空间误差模型
张晓欢（2011）	资源丰裕度	市域	空间滞后模型，空间误差模型
陈伟华（2008）	城乡居民收入差距	省域	空间滞后模型
吴晃（2010）	经济增长聚集	市域	空间滞后模型，空间误差模型
张秀华（2007）	劳动力流动	省域	空间滞后模型，空间误差模型
赵峰（2010）	经济趋同	省域	空间滞后模型，空间误差模型
苏方林（2005）	R&D 与经济增长	省域、市域（横截面）	空间滞后模型，空间误差模型
王健（2010）	产业结构变迁	省域	空间滞后模型，空间误差模型
杨友才（2010）	产权制度	省域	空间滞后模型
刘秉镰等（2010）	交通基础设施	省域	空间滞后模型，空间误差模型

从表 7-1 可见，已有研究大多围绕经济领域主题展开研究，数据尺度大多为省域尺度，所使用方法均为空间滞后模型或空间误差模型。

空间滞后模型仅考虑了被解释变量在空间上的溢出效应，其隐含的假设是变量在各个时间段、各空间截面是独立的、互不影响的。但实际上，大多数社会经济时间序列均为连续序列，前后两期观测值之间具有一定的逻辑关系，必须要考虑变量在时间序列上的继承关系，如某一地区房价水平应由当地前期的房价水平与临近地区的当期及历史房价水平共同决定。空间动态面板数据模型是近年来发展起来的一种空间面板数据模型，不但考虑了被解释变量的空间滞后，而且包含了被解释变量的时间滞后、时空联合滞后，能更准确地反映研究对象在空间、时间上的动态变化，模型也具有更强的解释能力（张征宇 等，2009）。

空间动态面板模型：

$$Y_{nt}=\lambda_0 \boldsymbol{W}_n Y_{nt}+\gamma_0 Y_{n,\ t\text{-}p}+\varphi_0 \boldsymbol{W}_n Y_{n,\ t\text{-}p}+\boldsymbol{X}_{nt}\beta_n+c_n+\boldsymbol{\varepsilon}_n 。\tag{7-3}$$

其中，Y_{nt} 是因变量，$\boldsymbol{X}_{nt}$、β_n 分别是对应于 $i=1，2，\cdots，N$ 的截面成员的解

释变量 k 维向量和 k 维参数，$\boldsymbol{W}_n$ 为空间权重矩阵，c_n 为截距，ε_n 为随机误差向量，$Y_{n,\ t\text{-}p}$ 为 P 阶时间滞后，λ_0、γ_0、φ_0 分别为空间滞后、时间滞后、时空联合滞后系数。

7.1.2 空间权重矩阵

空间权重矩阵 $\boldsymbol{W}_n$ 的确定是进行空间面板数据分析的关键，通常用 n 阶二维对称矩阵来表示 n 个位置的对象相互间的空间关系：

$$\boldsymbol{W}_n=\begin{bmatrix} w_{11} & w_{12} & \cdots & w_{1n} \\ w_{21} & w_{22} & \cdots & w_{2n} \\ \vdots & \vdots & \cdots & \vdots \\ w_{n1} & w_{n2} & \cdots & w_{nn} \end{bmatrix}。\tag{7-4}$$

通常用以确定空间权重矩阵的方法有以下几种。

①基于邻接关系的空间权重：

$$\begin{cases} w_{ij}=1，当区域\ i\ 和\ j\ 相邻 \\ w_{ij}=0，其他 \end{cases}。$$

用以确定邻接关系的准则通常有 Rook 相邻和 Queen 相邻，Rook 相邻不包括 Corner 邻居，而 Queen 相邻则包括 Corner 邻居。

②基于距离的空间权重：

$$\begin{cases} w_{ij}=1，当区域\ i\ 和\ j\ 的距离小于\ d\ 时 \\ w_{ij}=0，其他 \end{cases}。$$

③ K-nearest 临近权重：

$$\begin{cases} w_{ij}=1，当区域\ j\ 是距离区域\ i\ 最近的\ k\ 个区域之一 \\ w_{ij}=0，其他 \end{cases}。$$

由于相邻地区的社会状态、生活习惯、自然条件等大致相似，火灾态势也密切相关，因此，基于邻接关系确定空间权重较好。本书选用 Rook 相邻来确定空间权重，即与目标单元直接相邻的单元权重为 1，其他单元权重为 0。当基于邻接关系确定空间权重时，空间滞后变量等于相邻区域的简单平均值，即

$$\boldsymbol{W}_n Y_n=\frac{1}{k}\sum_{i=1}^{k} Y_i。\tag{7-5}$$

其中，$\boldsymbol{W}_n$ 为空间权重矩阵，Y_n 是因变量，Y_i 为 Y_n 的某个单元的 k 个相邻区域之一。

7.2 火灾空间动态面板数据模型

7.2.1 模型设定

由于火灾分布存在空间聚集特征，需要考虑火灾的空间自相关性，这种空间自相关性可能是由于各地在火灾安全管理方面存在模仿、竞争、协同等行为。相邻地区类似的生活习惯，相近的生产力水平，互相对比、竞争的火灾管理水平，都可能促进地区火灾态势变化的空间相关。因此，空间因素在火灾态势变化过程中的作用不可忽视。此外，由于火灾态势变化是连续的、逐步的变化，即火灾应考虑时间动态效应。因此，需要基于 SDM 建立以下火灾空间动态模型（FSDM）:

$$\ln(F_{it})=\alpha+\alpha_i+\beta_1\ln(G_{it})+\beta_2\ln(H_{it})+\beta_3\ln((\boldsymbol{I}_t\otimes\boldsymbol{W}_n)F_{it})+\beta_4\ln(F_{i,t-1})+\beta_5\ln((\boldsymbol{I}_t\otimes\boldsymbol{W}_n)F_{i,t-1})+u_i。\tag{7-6}$$

其中，α 为各截面成员截距平均值，α_i 为各截面成员截距偏离平均值 α 的值，u_i 为各截面成员的残差，F_{it} 为单元 i 第 t 期的火灾发生率，G_{it} 为单元 i 第 t 期的人均 GDP，H_{it} 为单元 i 第 t 期的年平均相对湿度，$\boldsymbol{I}_t$ 为单位矩阵，$\boldsymbol{W}_n$ 为空间权重矩阵，β_1、β_2、β_3、β_4、β_5 为待定系数。β_3、β_4、β_5 分别表示火灾发生率的空间滞后效应、时间滞后效应、时空联合滞后效应。

由于采用基于邻接关系确定空间权重，空间滞后变量等于相邻区域的简单平均值，即

$$\boldsymbol{W}_nY_n=\frac{1}{k}\sum_{i=1}^{k}Y_i。\tag{7-7}$$

其中，Y_i 为目标区域的 k 个相邻区域之一，则有

$$F'_{it}=(\boldsymbol{I}_t\otimes\boldsymbol{W}_n)F_{it}=\frac{1}{k}\sum_{i=1}^{k}F_{it}。\tag{7-8}$$

其中，F'_{it} 代表第 t 期单元 i 所有 k 个邻接单元的火灾发生率平均值，则模型可变为

$$\ln(F_{it})=\alpha+\alpha_i+\beta_1\ln(G_{it})+\beta_2\ln(H_{it})+\beta_3\ln(F'_{it})+\beta_4\ln(F_{i,t-1})+\beta_5\ln(F'_{i,t-1})+u_i。\tag{7-9}$$

7.2.2 计算结果

首先计算各期各单元邻接单元的火灾发生率平均值，然后使用EViews6.0，采用GLS对系数及GLS加权矩阵进行顺次修正，可得到模型估计结果如表7–2所示。

表7–2 火灾空间动态面板数据模型回归结果

系数	数值	标准偏差	t统计值	P值
α	4.63	0.68	6.77	0.00
β_1	–0.15	0.02	–10.09	0.00
β_2	–0.99	0.16	–6.27	0.00
β_3	0.57	0.02	26.96	0.00
β_4	0.54	0.02	34.22	0.00
β_5	–0.20	0.02	–8.52	0.00
决定系数 RR = 0.94，F 检验值 = 116.37，P 值 = 0.00				

可得火灾空间动态面板数据模型如下：

$$\ln(F_{it})=4.63+\alpha_i-0.15\ln(G_{it})-0.99\ln(H_{it})+0.57\ln(F'_{it})+0.54\ln(F_{i,\ t-1})-0.20\ln(F'_{i,\ t-1}+u_i。\quad(7\text{–}10)$$

模型各系数均通过了1%显著性水平检验，决定系数RR达0.94，自然对数似然函数（Log Likelihood）值达–4545.30，均说明模型拟合效果很好。

经济因子的系数（β_1）为负，表明经济发展对火灾变化有改善作用；气候因子的系数（β_2）仍然为负，表明气候变干对火灾变化有恶化作用；空间滞后系数（β_3）为正表明火灾具有明显的空间溢出效应；时间滞后系数（β_4）为正表明前期火灾变化对本期火灾变化有正向影响；时空联合滞后系数（β_5）为负表明周围区域前期火灾变化对本区域火灾变化有负向影响。气候因子的系数（β_2）绝对值最大，经济因子的系数（β_1）最小，表明气候变化对火灾变化的影响程度较高，经济发展对火灾变化的影响较低。

7.2.3 残差检验

对残差进行空间自相关检验，结果如表7–3所示。

表 7-3　各年度残差空间自相关检验

年份	2001	2002	2003	2004	2005	2006	2007	2008	2009
Moran 指数	−0.02	0	0.07	0.03	0	−0.01	−0.02	−0.01	−0.04
Z 统计值	−1.44	0.17	4.99**	2.32*	0.47	−0.58	−0.97	−0.2	−2.38*

注：* 表示在 95% 显著水平上显著，** 表示在 99% 置信水平上显著。

结果显示，各年度残差除 2003 年、2004 年表现为空间聚集，2009 年表现为空间分散外，其余年份都表现为随机分布。2003 年、2004 年、2009 年的全局 Moran 指数取值都很小，即其聚集或分散程度都很低。总体而言，火灾空间动态面板数据模型有效反映了空间自相关现象。

7.3　经济发展对火灾态势变化的影响

经济因子的系数（β_1）为负，表明经济发展对火灾变化有改善作用。这一结果与国外学者的研究结论一致，而与前文所列国内部分学者结论不一致，这主要是由于数据时段不同所致。国内学者所选数据时段大都在 2004 年以前，恰逢转型期经济发展的关键阶段，各城市普遍存在消防经费投入不足、消防基础设施欠账率高、消防警力规模偏小等问题，公共消防设施建设不足必然影响到火灾安全水平及应急响应能力，这就表现为 2002 年以前经济快速发展，同时火灾隐患增多，火灾发生率上升。自 2003 年以后，随着“和谐社会”“执政为民”理念的深入人心，各级政府加强了火灾安全管理和投入，人们追求火灾安全的需求上升，预防、应对火灾的能力增强，经济快速发展的同时火灾发生率逐步下降。总体而言，在 2000—2009 年，中国经济发展对火灾表现为抑制作用，若单独考虑经济因子对火灾变化的作用，人均 GDP 每增加 1%，会使得全国平均火灾发生率降低 0.15%。

也就是说，经济发展对火灾变化的影响具有双重性。一方面，社会经济发展带来人员、物资的聚集，有利于火灾诱因的产生，不利于火灾的防控，即经济发展对火灾具有刺激作用；另一方面，社会经济发展又可增加火灾安全投入，加强防火控制能力，提高火灾安全管理水平，即经济发展对火灾具有抑制作用。经济发展是改善还是恶化了火灾趋势，在不同的地区、不同的经济发展阶段可能有不同结论。

梁炜（2009）将中国改革开放以来的经济发展划分为4个阶段：第一阶段（1978—1984年）为“自主发展”的工业化准备和初级产品的起步阶段；第二阶段（1985—1992年）是我国经济发展在经历从初期向中期的过渡后，进入实现工业化的起步阶段；第三阶段（1993—2002年）为工业化实现和经济发展加速度阶段；第四阶段（2003年至今），工业化逐渐成熟、开始迈进工业化高级阶段和经济稳定增长阶段。

由于中国的火灾统计制度几经变迁，均对火灾统计的标准做了修订，造成部分年份火灾发生率有较大起伏。例如，1989年颁布了第一部行政法规《火灾统计管理规定》(1990年开始实施)，1996年再次修订（1997年开始实施)，因此1990年、1997年全国火灾发生率与前一年度相比变化较大。

1980—1992年，中国经济处于第一阶段及第二阶段，即工业化准备和起步阶段，国有经济仍占据主体地位，经济水平较低，火灾安全管理措施能够与之适应，火灾发生率缓慢下降；1993—2002年，中国经济发展处于第三阶段，初步实现工业化，经济快速发展，火灾安全管理与火灾安全投资落后于经济发展水平，火灾态势逐渐恶化；2003—2009年，中国经济发展处于第四阶段，工业化逐渐成熟，经济稳定增长，社会经济协调发展，政府与企业均加大了火灾安全投资，使得火灾安全管理水平重新与经济发展相适应，火灾态势逐渐缓和改善。

7.4 气候变化对火灾态势变化的影响

《气候变化国家评估报告（I）：中国气候变化的历史和未来趋势》指出，中国的气候变化与全球变化趋势一致，并且暖干化速率高于全球或北半球同期平均水平。许吟隆等（2005）研究得出，未来（2011—2080年）中国大部分地区暖干化趋势明显。从前文也可以发现，2000—2009中国气候显著变干。

FSDM中气候因子的系数（β_2）为负，表明气候变干对火灾变化有恶化作用。若不考虑其他因素，气候变干将导致城市火灾越来越频繁。这是由于，可燃物处于大气环境之中，与周边环境有着能量和物质的交换，与周边环境存在水分平衡。通常情况下，可燃物内部含有或表面吸附有水分，如木材等物质含水率与大气湿度密切相关。此外，可燃固体、液体的燃烧是它们受热后蒸发出来的气体燃烧。可燃物燃烧时，需要首先将水分烘干，然后才能蒸发分解出可燃物气体。因此，气候越干，可燃物含水率越低，需要的着火能量或蒸发潜热就越低，发生火灾的风险相对越高。单独考虑湿度因子对火灾的作用，年平均相对湿度每降低 1%，将使得全国平均火灾发生率增加 0.99%。

2003 年以来，中国整体火灾发生率呈下降趋势，这与气候变干将促使火灾变化恶化的结论似乎矛盾。实际上，火灾态势变化是经济发展与气候变化的综合作用结果。虽然中国气候变化的总趋势是变暖变干，这将使得火灾变化有恶化趋势，但经济发展扭转了这种趋势，并使得 2003 年后中国火灾变化整体呈改善趋势。

由于火灾发生率对于年平均相对湿度变化的敏感度（$\beta_2 = 0.99$）远高于对人均 GDP 变化的敏感度（$\beta_1 = 0.15$），这意味着近年来我国政府应对气候变化对城市火灾的挑战成效显著。考虑到未来气候仍将继续变干，其对火灾防灾减灾的压力和挑战将越来越大，社会各界必须高度重视气候变干对火灾态势的影响，继续发展经济并加大火灾安全投入，提前做好应对预案，以便使火灾发生率处于较低水平。

7.5　火灾同化效应

同化效应指人们的态度和行为逐渐接近参照群体或参照人员的态度和行为的过程，是个体在潜移默化中对外部环境的一种不自觉的调适（邢淑芬 等，2006）。在相邻城市之间，人们生活习惯相近，火灾隐患情况大致类似，火灾安全管理水平及投入可能存在比较、模仿等行为，火灾态势受到相邻地区火灾态势变化的影响，称之为火灾同化效应（Fire Assimilation Effect）。FSDM 中的空间滞后系数（β_3）即可视为火灾同化效应，β_3 绝对值越大，说明火灾同化效应越强；反之，说明相邻地区间火灾同化效应较弱。

空间滞后系数（β_3）为正，并且在 99% 置信水平上显著，说明中国火灾存在显著的火灾同化效应。某个地区的火灾态势不但受自身因素影响，而且受相邻地区火灾态势的影响。各地区的火灾态势会相互影响，周边地区火灾态势的改善或恶化会促使本地火灾态势改善或恶化。空间滞后系数（β_3）的估计值为 0.57，表明相邻地区火灾发生率若增长 1%，则该地区火灾发生率受到连带影响而增长 0.57%。

应充分利用火灾同化效应，积极寻求跨区域合作互助，共同改善火灾安全状况。各级火灾安全管理部门在政策法规制定、消防规划编制、装备器材配备、消防监督管理等各个方面，要打破辖区界限，通力合作，形成互相学习、共同促进、有序竞争、努力提高火灾安全水平的合作竞争氛围。另外，主管部门可以及时总结一些火灾安全工作做得比较好地方的思路、做法，形成一批“火灾防灾减灾示范地区”，“近朱者赤”，使其成为其他地区学习和追赶的榜样，带动相邻地区火灾态势共同改善。

7.6 火灾惯性效应

在物理学里，惯性是物体保持原来运动状态的现象。社会经济活动中，很多经济量也存在某种惯性，称为经济行为惯性（宋佰谦 等，1997）。张文辉（2007）认为，火灾系统表现出相应的时间性状和历史特征，火灾事故从过去到现在具有一定的结构延续性，从现在到将来又有一定的结构趋势性，并称之为火灾惯性。本书认为，在一段时间内若不考虑自然环境和社会经济状态的变化，火灾态势与前期相比也应当保持不变，称之为火灾惯性效应（Fire Inertia Effect）。实际情况下，自然环境和社会经济状态总是处于不断变化的过程中，火灾态势也将产生相应的变化，但相邻时刻应该是连续、渐变的变化。也就是说，某时刻的火灾态势应该与前一时刻的火灾态势具有逻辑关系。由于火灾惯性效应的存在，前期火灾高发的地区未来火灾仍会相对高发，前期火灾态势已经改善的地区未来火灾态势仍会继续改善。这种火灾惯性缘于人们生活习惯、火灾安全管理措施、社会经济生产等行为均具有惯性，从而导致与之相对应的火灾状况及火灾态势变化也具有惯性。FSDM 中的时间滞后系数（β_4）即可视为火灾惯性效应，β_4 绝对值越大，说明火灾态势受到往期火灾的影响越大；反之，说明本期火灾受到往期火灾的影响越小。

时间滞后系数（β_4）为正，并且在 99% 置信水平上显著，这说明中国火灾存在显著的火灾惯性效应。某个地区的火灾态势不但受本期经济因素、气候因素、火灾同化效应影响，而且受往期火灾状况的影响。时间滞后系数（β_4）的估计值为0.54，表明往期火灾发生率若降低1%，则本期火灾发生率可能降低0.54%。

火灾惯性效应（$\beta_4 = 0.54$）与火灾同化效应（$\beta_3 = 0.57$）大致相当，这说明某一地区的内部因素（火灾惯性效应）与外部因素（火灾同化效应）均对火灾态势变化有正的影响，且影响程度同等重要。火灾安全管理要内外兼重，既要立足自身，找出火灾变化的本地原因，因地制宜，努力提高火灾安全管理水平和火灾防护水平；又要与周围地区通力合作，打破辖区界限，共同改善火灾安全状况。

应充分利用火灾惯性效应，采取区别措施改善火灾态势。对于火灾态势尚呈恶化趋势的地区，要加大火灾安全投入力度，加强火灾安全管理举措，抵消火灾惯性效应，扭转火灾恶化趋势；对于火灾态势已经改善的地区，要继续目前的火灾安全管理措施，保持火灾安全投入力度，利用火灾惯性，使得火灾态势进一步改善。由于近年来东部大部分地区火灾态势已经逐步改善，但中西部部分地区火灾态势仍在恶化或存在反复，一些使得东部地区火灾态势改善的方法、体制，经过实践及验证证明有效后，应尽快在中西部地区推广。由于中西部有相当部分地区经济发展水平还不高，甚至没有设立消防队站，应当从中央、地方、社会等多方面、多层次，增加消防安全投资，提高公共消防服务投入，促使其形成火灾发生率不断降低的火灾惯性。

7.7　火灾警示效应

周边地区的一些往期火灾案例，会在相邻地区引起警觉。在政府问责机制的作用下，该地区决策者倾向于避免发生类似事故，会进行安全排查并仔细查找有无类似火灾隐患，从而降低了火灾风险，称之为火灾警示效应（Fire Caution Effect）。FSDM中的时空联合滞后系数（β_5）即可视为火灾警示效应，β_5绝对值越大，说明火灾警示效应效果越明显；反之，说明火灾警示效应效果越弱。

时空联合滞后系数（β_5）为负，并且在99%置信水平上显著，说明中国火灾存在显著的火灾警示效应。相邻地区的往期火灾，会对本地区产生警示作用，进而降低本地区火灾发生率。周边往期火灾发生率每上升 1%，则该单元本期火灾发生率将降低 0.20%。

实际情况中也经常发生这种情形。当某地发生某起重特大火灾后，火灾安全主管部门一般会组织专门的战例研讨，仔细分析火灾发生的原因，并要求各地进行专项整治或火灾隐患排查。而相邻地区人们生活习惯、社会经济状况等因素大致相同，也可能存在类似的火灾隐患，因此，这种专项整治或火灾隐患排查对相邻地区作用更为显著，从而体现为相邻地区的往期火灾状况会对本地区当期火灾状况产生警示作用。

应充分利用火灾警示效应，举一反三，防患未然。各地要善于从其他地区的火灾案例中吸取教训，排查火灾隐患，将隐患消除在萌芽状态，做好火灾安全宣传教育。火灾安全管理部门也要及时总结经验教训，针对典型案例组织各地学习交流，杜绝类似事故的再次发生。对火灾安全管理不到位、隐患排查不仔细的地区，要严厉批评、责成整改、以儆效尤。

火灾警示效应与火灾同化效应存在区别也存在联系。其联系在于，两者都是由周边地区的火灾态势变化对本地区火灾态势变化所产生的影响；而区别在于，火灾警示效应是周边地区往期火灾对本地区本期火灾的影响，而火灾同化效应是周边地区本期火灾对本地区本期火灾的影响。换句话说，火灾同化效应是对某个时刻的空间截面做出分析，主要反映的是火灾的空间自相关现象；火灾惯性效应是对火灾的时间序列进行研究，主要反映的是某个地区火灾变化在时间上的联系；而火灾警示效应则对火灾的时间序列和空间截面同时做出分析，是以上两种效应的结合。

但应注意到火灾警示效应（$\beta_5 = -0.20$）与火灾同化效应（$\beta_3 = 0.57$）和火灾惯性效应（$\beta_4 = 0.54$）相比较低，这说明火灾警示效应某种程度上是一种“亡羊补牢”的策略，改善火灾态势的根本措施还是要因地制宜、加强协作。

7.8 火灾态势的时空变化特征

火灾态势变化是经济发展与气候变化的综合作用结果。中国气候变化的总趋势是变暖变干，这将使得火灾变化有恶化趋势。2003 年以来，中国工业化逐渐成熟，经济稳定增长，社会经济协调发展，政府与企业均加大了火灾安全投资，不但抵消了气候变干对火灾态势变化的恶化影响，而且使得火灾态势逐年改善。但应注意到，火灾态势对气候变化的响应敏感度要高于对经济发展的响应敏感度：人均 GDP 每增加 1%，会使得全国平均火灾发生率降低 0.15%；而年平均相对湿度降低 1%，将使得全国平均火灾发生率增加 0.99%。考虑到未来气候仍将继续变干，其对火灾防灾减灾的压力和挑战将越来越大，社会各界必须高度重视气候变干对火灾态势的影响，继续发展经济并加大火灾安全投入，以便使火灾发生率处于较低水平。各地应该根据气候变化对本地火灾态势的影响程度，预估气候变化和火灾变化的程度，制定预案，做好防灾减灾措施。

时空因素对中国火灾态势变化具有很显著的影响，这种影响可以分别引申为火灾同化效应、火灾惯性效应、火灾警示效应。由于存在火灾同化效应，各地区的火灾态势会相互影响，周边地区火灾态势的改善或恶化会促使本地火灾态势改善或恶化；由于存在火灾惯性效应，前期火灾高发的地区未来火灾仍会相对高发，前期火灾已经改善的地区未来火灾仍会继续改善；由于存在火灾警示效应，相邻地区的往期火灾，会对本地区产生警示作用，进而降低本地火灾发生率。火灾安全管理部门应该充分利用这些效应，采取积极措施改善火灾态势。

此外，本书研究过程中，将 1 阶空间滞后变量转化为相邻单元的被解释变量平均值，并以同样的方法处理了 1 阶时空联合滞后变量，将空间面板数据模型转换为普通面板数据模型进行估计，简化了计算过程，可以使用 EViews 等常用的计量经济软件进行计算，为空间面板数据模型的估计计算提供了新的思路和方法。

将空间滞后系数、时间滞后系数、时空联合滞后系数分别引申为火灾同化效应、火灾惯性效应、火灾警示效应，这一引申过程对从时空关联角度分析很多社会经济问题具有借鉴意义，如房产价格的空间滞后可视为价格区位效应，时间滞后可视为价格历史效应，时空联合滞后可视为定价参考效应，这样就可将抽象的时空因素引申为具有实际物理含义的虚拟变量，使模型具有更丰富的解释能力。

第八章　结束语

8.1　总结与讨论

通过探索性分析和模型研究，得出以下结论。

（1）中国火灾空间分布特征明显

较高火灾发生率（$r > 11.2$ 起 /10 万人）的单元主要分布于东北、京津鲁、长三角、新疆、内蒙古、宁夏等地，低火灾发生率单元则主要分布于华南、西南等地，区域差异明显。2002 年以前，中国整体的火灾发生率逐年升高，火灾空间聚集趋势也随之加强；2003 年以后，随着“和谐社会”“执政为民”理念的深入人心，各级政府加强了火灾安全管理和投入，火灾状况逐渐趋向缓和，火灾的空间聚集趋势也随之减弱并趋向分散。

（2）火灾变化趋势则存在地域差异

改善区共 186 个，主要分布于东北、华北、华东、华南等地区；恶化区共 74 个，大部分分布于黑河—腾冲线以西及陕西、湖北等地区；波动区共 77 个，分布于西南及其他零星地区。这导致中国火灾重心逐渐朝西部转移。

（3）经济发展、气候变化是促使火灾变化的宏观原因

火灾起火原因的季节分布及空间分布，表明火灾与气候因素密切相关；经济发展可增加消防投入（消防力量配置），而消防投入（消防力量配置）将直接影响火灾态势变化，表明火灾与经济因素密切相关。不同尺度

的 Granger 因果检验的结果表明，从长期来看，经济发展、气候变化构成了火灾变化的 Granger 原因（但湿度变化是火灾变化的 Granger 原因，而气温变化不是火灾变化的 Granger 原因）；协整检验结果表明，经济因子、气候因子与火灾因子之间存在长期均衡关系，且气候因子对火灾变化的影响程度强于经济因子对火灾变化的影响程度。

（4）气候变化对火灾变化的影响程度高于经济发展对火灾变化的影响程度

气候突变正向冲击对火灾变化有抑制作用，但江苏大气湿度短时增加对火灾起数变化有长期弱抑制作用，重庆在滞后 5 个月后的影响则很低；江苏经济正向冲击对火灾起数变化有弱的抑制作用，重庆经济正向冲击则对火灾起数变化有逐渐增加的促进作用。江苏经济发展对火灾起数变化的贡献度小于 1%，火灾变化受气候变化的影响更大（1 年后的贡献率约为 12.74%）；重庆气候因子对火灾起数变化贡献较为稳定（约为 16%），经济因子 1 年后对火灾起数变化的贡献率为 15.3%；全国尺度气候因子对火灾发生率变化贡献度较高（至第 10 期的贡献度约为 45%），而经济因子对火灾发生率变化的贡献度则比较低（第 10 期的贡献度约为 7.2%）。各种尺度经济因子对火灾变化的贡献度都低于气候因子对火灾变化的贡献度。

（5）火灾存在显著的地域分异

全国整体上火灾态势随经济发展呈改善趋势，人均 GDP 每增加 1%，火灾发生率降低 0.43%；东北地区由于长期为火灾高发区，对火灾安全较为重视，火灾随经济发展改善幅度最明显，人均 GDP 每增加 1%，火灾发生率降低 1.11%；东南地区次之，其经济较为发达，对火灾安全的投入较多，人均 GDP 每增加 1%，火灾发生率降低 0.86%；华北、西南火灾也随经济发展而改善，人均 GDP 每增加 1%，火灾发生率分别降低 0.69% 和 0.62%；中南地区人均 GDP 每增加 1%，火灾发生率平均降低 0.23%；西部地区随着经济发展，火灾发生率整体呈上升趋势，人均 GDP 每增加 1%，火灾发生率上升 0.16%。

全国各区域气候变干均会促使火灾恶化。西南地区火灾对气候变化的敏感度最高，年平均相对湿度每降低 1%，火灾发生率上升 4.06%；东北、中南地区火灾对气候变化的敏感度次之，年平均相对湿度每降低 1%，火灾发生率分别上升 3.62%、2.14%；东南、华北、西部地区火灾对气候变化的敏感度较低，年平均湿度每降低 1%，火灾发生率将分别升高 1.99%、

1.03%、0.86%。气候季节变化越剧烈、经济越发达的地区，火灾对气候变化的敏感度越低。

（6）中国大部分地区存在FKC

全国总体上经济发展与火灾变化呈“倒U型曲线”，称之为火灾Kuznets曲线（FKC）；东北、华北、东南、西南地区存在FKC；而中南、西部地区经济发展与火灾变化呈“正U型曲线”，不存在FKC。若区域内经济水平差距缩小，则可能出现FKC；若区域内经济水平差距扩大或较大，则可能不存在FKC。政府增加消防经费投入，完善公共消防基础设施建设，加强监管，以及企业在火灾损失和火灾投入之间的理性抉择，使得各方对火灾安全的投入增加，宏观上表现为出现FKC。

（7）时空因素对中国火灾态势变化影响显著

时空因素对中国火灾态势变化具有很显著的影响，这种影响可以分别引申为火灾同化效应、火灾惯性效应、火灾警示效应。中国存在显著的火灾同化效应，各地区的火灾态势会相互影响，周边地区火灾态势的改善或恶化会促使本地火灾态势改善或恶化。火灾受到火灾惯性的影响较大，前期火灾高发的地区未来火灾仍会相对高发，前期火灾已经改善的地区未来火灾仍会继续改善。相邻地区的往期火灾，特别是重特大火灾会对本地区产生警示作用，进而降低火灾发生率。火灾警示效应与火灾同化效应、火灾惯性效应相比作用相对较低。

8.2 政策建议

通过以上分析研究，提出以下政策建议。

中西部地区应加强消防监督管理，增加消防安全投资。从火灾变化趋势分类结果得知，改善区主要分布于东北、华北、华东、华南等地区；恶化区大部分分布于黑河—腾冲线以西及陕西、湖北等地区；波动区分布于西南及其他零星地区。恶化区应加强消防监督管理，一些使得东部地区火灾态势改善的方法、体制，经过实践及验证证明有效后，应尽快在中西部地区推广。同时考虑到，中西部有相当部分地区经济发展水平还不高，甚至没有设立消防队站，应当从中央、地方、社会等多方面、多层次，增加消防安全投资，提高公共消防服务投入，只有这样才能扭转中西部地区火灾态势恶化的趋势。

西部地区应加强人为火灾管理，南方地区应加强电气火灾管理。黑河—腾冲线以西及秦岭—淮河以北，冬季气候寒冷干燥，人为火灾比例较高，电气火灾比例较低；黑河—腾冲线以东及秦岭—淮河以南，气候温暖潮湿，人为火灾比例较低，电气火灾比例较高。因此，西部地区应该加强人为火灾管理，南方地区应加强电气火灾管理。西部地区应努力提高居民生活水平，逐步减少明火的使用范围和使用频率，减少生活过程中的火灾隐患；同时应该移风易俗，文明祭扫，特别是在天干物燥的天气，更要严禁户外用火。南方地区应该提高电气更新换代标准，降低电气设备设施发生火灾的可能性，缩短电气设备更换周期，杜绝老化电气设备超期服役，对超过一定年限的老旧电线线路、电气设备应予以更换，或者采取措施提高预防火灾能力。

做好应对气候突变的减灾措施。随着气候变暖变干，发生气候突变的频率在增加。由于气候变干对火灾变化具有恶化作用，且火灾变化对气候变化的敏感度要高于对经济发展的敏感度，气候因子对火灾变化的贡献度要高于经济因子对火灾变化的贡献度（见第3章）。各地应该根据气候变化对本地火灾态势的影响程度，预估气候变化和火灾变化的可能趋势，制定预案，做好防灾减灾措施。对于经济发展对火灾有抑制作用的地方，应进一步发展经济，增加消防安全投入，使得经济发展对火灾的抑制作用能够抵消甚至超越气候变干对火灾的促进作用。对于经济发展对火灾有促进作用的地方，首先应该加强消防安全投入，提高消防安全水平，使得经济发展与火灾安全能够协调发展，尽快使得经济发展在总体上对火灾产生抑制作用。由于西南地区火灾变化对气候变化的敏感度最高，东北、中南地区火灾变化对气候变化的敏感度居中，东南、华北、西部地区火灾变化对气候变化的敏感度较低，各地应该采取因地制宜的应对措施。特别是西南地区近几年来频发大范围的旱灾，高的敏感性势必导致西南地区火灾频发，各部门应该对此有充分的认识和应对措施。

部分省应采取措施尽早形成并度过FKC拐点。山西、内蒙古、宁夏尚处于FKC拐点左侧，火灾变化仍呈恶化趋势；上海、江西则火灾态势反复。这些省应加大消防经费投入，进一步追加公共消防设施建设投入，激励企业增加火灾安全管理费用和消防设施建设维护费用，推广火灾保险，尽早形成并度过 FKC 拐点，使得经济发展与火灾安全能够协调发展。

各地火灾安全管理过程中要加强相互合作。各级火灾安全管理部门在制定政策规划时应重视火灾安全的跨区域空间特征，除了在发生重特大火灾时进行灭火救援力量的跨区域调集增援外，在平时的火灾安全防治、消防监督管理、消防装备规划等方面也应该通力合作，打破辖区界限，积极寻求跨区域合作互助，共同改善火灾安全状况。

8.3 研究展望

本书只是在我国火灾时空变化研究方面取得了初步的成果，研究还存在一些不足，有些问题还需要进一步探索。

指标因子的选择方面。出于火灾变化宏观研究目的、数据可获得性、篇幅限制的综合考虑，本书仅选择了人均 GDP/ 社会消费品零售总额作为经济因子的代表性指标，但实际上经济体制、产业结构、教育水平、收入水平等宏观经济因子对火灾变化的影响程度可能更高。根据这些指标，更能提出针对性的政策建议。而对气候因子，主要选取湿度因子，但气温因子对火灾也不可忽视。此外，本书主要选取了火灾发生率或火灾起数代表火灾因子，未来应该关注更多的火灾指标，如死伤人数、直接经济损失、火灾起火原因（吸烟、静电、雷击）等，以取得更多能为政府部门理解并转化为实际政策的研究结论。

火灾统计数据的质量和样本数量。现行火灾统计制度主要采用下级消防机构对辖区内火灾数据逐级上报的方式进行，而各级政府和火灾安全管理部门出于政绩考虑，可能会瞒报、漏报，造成火灾统计数据与真实火灾起数之间存在一定差距；同时，由于火灾统计制度几经演变（寒星，1999），有效数据只能包括 1997 年之后的火灾统计数据，使得数据样本量不足。这可能会对本书的研究结果造成一定的影响。未来有必要针对不同火灾统计制度下的火灾数据融合问题进行研究，并对火灾数据真实性对本书研究结果的影响程度进行分析。

理论基础薄弱。有关宏观经济发展、气候变化对城市火灾的影响，已有研究较少，尚未能形成成体系的理论框架，普遍存在理论性不强、深度不够等问题。同时由于火灾问题的复杂性，法律法规、科技进步、政策执行、生活习惯、周边环境等方面都会对火灾产生较大影响，这些问题更难以被量化研究，大多都只是定性分析。火灾、气候、经济及其他因素共同组成了一个复合系统，该复合系统的构成、演变尚需进一步分析。

附 录

附表 1　各城市历年火灾发生率

单位：起 /10 万人

编号	城市	2000 年	2001 年	2002 年	2003 年	2004 年	2005 年	2006 年	2007 年	2008 年	2009 年
1	北京	61.79	69.30	85.98	65.70	60.62	81.74	102.68	69.64	48.93	45.07
2	天津	82.45	87.04	87.04	56.81	44.65	43.98	40.23	17.02	12.61	10.81
3	上海	39.07	23.84	44.84	43.08	37.74	42.92	33.08	30.70	25.24	43.45
4	重庆	12.14	13.76	15.05	22.28	23.32	24.71	26.03	18.30	18.57	18.37
5	石家庄	10.42	11.97	17.16	13.67	12.43	11.35	12.04	6.50	4.26	3.89
6	唐山	16.96	21.82	13.33	14.05	10.78	8.34	8.77	7.31	3.55	5.31
7	秦皇岛	18.25	21.18	21.77	20.75	9.25	6.99	8.50	7.41	2.48	2.37
8	邯郸	5.18	9.24	11.24	10.70	13.37	12.19	14.68	7.20	5.21	6.30
9	邢台	7.69	9.25	12.46	8.30	9.39	9.25	8.01	9.00	4.12	3.60
10	保定	9.68	7.60	7.52	5.06	5.85	6.29	8.06	4.24	1.81	2.29
11	张家口	9.14	10.80	11.19	11.01	16.34	13.35	10.14	6.26	3.09	6.19
12	承德	12.77	12.07	21.71	16.49	18.64	14.26	10.44	3.65	3.22	3.87
13	沧州	14.69	18.35	26.82	11.36	10.39	9.56	10.68	5.90	2.96	2.03
14	廊坊	16.62	15.17	14.45	14.67	20.30	9.77	11.29	10.35	2.28	5.23
15	衡水	11.08	12.16	15.51	10.84	7.66	14.51	8.29	7.57	4.39	5.43
16	太原	38.28	43.10	44.84	46.06	37.25	32.43	61.70	61.87	60.16	67.31
17	大同	9.52	13.61	13.67	9.87	11.82	15.36	10.71	19.75	20.92	28.98
18	阳泉	10.13	19.47	17.60	11.94	14.14	18.24	18.08	15.00	7.65	5.97

续表

编号	城市	2000年	2001年	2002年	2003年	2004年	2005年	2006年	2007年	2008年	2009年
19	长治	5.00	5.91	6.94	7.67	7.11	4.40	3.06	7.68	3.78	2.06
20	晋城	6.38	5.02	3.16	3.40	4.72	3.09	3.19	3.19	4.53	5.90
21	朔州	7.64	8.47	9.97	11.48	20.59	25.40	18.68	28.49	24.93	19.11
22	晋中	6.17	8.03	9.77	8.88	8.61	9.51	5.93	2.51	1.34	1.62
23	运城	3.78	5.42	5.42	4.65	4.89	3.39	3.12	2.42	3.25	3.59
24	忻州	3.85	6.59	5.70	6.17	7.03	4.32	3.74	3.78	4.66	6.10
25	临汾	4.45	4.57	6.47	3.35	6.99	4.94	7.53	4.22	2.43	2.75
26	吕梁	2.57	3.72	5.08	8.41	4.22	2.96	3.90	7.89	10.56	10.53
27	呼和浩特	12.47	45.22	51.90	36.04	42.40	51.19	60.71	58.44	58.72	90.71
28	包头	25.12	33.81	35.29	30.91	44.32	50.37	52.97	62.50	63.90	68.43
29	乌海	48.75	44.10	46.60	48.80	59.78	69.57	88.51	83.23	14.78	94.13
30	赤峰	1.68	12.26	13.23	10.73	10.59	16.62	24.70	25.27	68.52	24.72
31	通辽	3.41	4.62	12.77	9.44	14.93	13.65	23.03	14.48	15.17	17.03
32	鄂尔多斯	1.93	2.37	7.66	10.29	9.77	7.79	3.63	23.71	10.64	33.65
33	呼伦贝尔	11.69	26.20	10.80	14.24	15.88	11.33	5.78	31.49	65.24	32.07
34	巴彦淖尔	15.99	21.25	19.59	13.63	14.15	23.39	22.87	17.11	22.19	32.55
35	乌兰察布	1.38	8.93	5.06	3.14	5.62	7.43	4.53	10.15	19.04	22.54
36	兴安	2.90	2.68	5.40	8.55	7.94	4.69	4.38	13.03	22.55	13.68

续表

编号	城市	2000年	2001年	2002年	2003年	2004年	2005年	2006年	2007年	2008年	2009年
37	锡林郭勒	3.62	3.27	6.86	11.06	10.64	18.83	13.48	21.34	47.62	31.27
38	阿拉善	6.52	11.29	30.00	21.11	13.68	22.90	27.10	21.17	21.72	29.03
39	沈阳	49.47	63.26	102.06	77.29	81.55	70.79	87.39	38.10	25.34	5.47
40	大连	55.23	41.24	43.36	35.04	48.91	39.29	21.69	23.97	4.99	4.29
41	鞍山	29.95	59.61	72.41	78.22	89.44	67.22	56.05	38.37	34.80	7.22
42	抚顺	66.12	80.60	84.92	70.29	83.88	53.46	74.94	19.85	8.20	5.97
43	本溪	51.30	50.88	63.15	52.94	62.21	48.91	51.28	25.39	7.19	10.42
44	丹东	15.98	25.06	37.96	37.48	39.36	28.99	25.73	5.27	3.38	2.97
45	锦州	12.60	36.78	47.18	42.47	62.34	62.39	77.07	13.22	3.71	3.68
46	营口	12.51	12.23	9.19	36.30	64.21	61.23	31.54	23.44	3.34	10.72
47	阜新	29.88	36.19	32.12	42.90	52.78	41.45	56.22	12.02	5.51	5.31
48	辽阳	63.87	79.47	87.15	106.63	115.00	94.30	71.67	21.92	13.79	14.50
49	盘锦	18.19	47.50	58.03	41.32	53.06	47.84	45.79	27.92	13.62	12.92
50	铁岭	13.20	74.58	96.73	57.18	85.39	72.48	43.65	16.11	11.74	13.17
51	朝阳	39.73	15.18	26.70	26.69	36.91	26.43	21.91	9.88	8.48	5.60
52	葫芦岛	12.40	19.54	31.97	29.48	37.30	38.85	29.96	11.70	7.67	6.66
53	长春	69.52	85.16	107.96	103.52	114.74	116.18	108.33	99.99	96.50	68.00
54	吉林	49.97	62.49	74.53	73.75	68.08	62.55	55.55	16.39	10.42	30.13

续表

编号	城市	2000年	2001年	2002年	2003年	2004年	2005年	2006年	2007年	2008年	2009年
55	四平	40.32	62.63	81.72	65.47	85.54	58.98	53.85	16.69	8.18	9.23
56	辽源	52.22	70.64	91.55	70.69	69.61	48.21	48.38	27.31	36.33	40.39
57	通化	48.63	68.38	81.27	52.83	55.59	52.80	51.21	41.56	43.35	9.74
58	白山	31.10	39.94	34.74	39.05	33.23	34.31	29.08	15.32	10.02	9.64
59	松原	49.21	63.51	69.03	72.01	73.69	55.10	64.05	23.43	10.80	6.76
60	白城	46.34	46.20	59.54	68.92	106.80	79.15	62.06	14.98	13.95	10.29
61	延边	29.62	24.45	31.03	27.63	30.71	33.10	27.23	13.67	19.89	8.91
62	哈尔滨	24.68	51.06	51.26	56.39	54.49	51.78	44.30	14.45	6.68	5.22
63	齐齐哈尔	23.00	42.60	42.61	51.58	47.59	41.87	33.24	10.64	19.04	13.44
64	鸡西	32.55	43.69	44.18	44.68	33.65	32.86	21.59	14.34	12.68	10.02
65	鹤岗	40.40	28.85	23.90	78.03	65.70	61.76	56.45	22.87	19.38	14.53
66	双鸭山	30.00	49.29	29.62	40.38	48.54	35.73	11.13	6.58	6.38	4.71
67	大庆	73.55	73.74	65.55	80.69	50.49	47.90	43.04	22.90	19.48	17.52
68	伊春	5.74	8.10	6.67	7.06	7.38	5.56	4.07	5.88	4.94	4.71
69	佳木斯	41.74	52.19	43.06	41.56	29.31	27.52	20.43	11.26	6.68	3.36
70	七台河	37.30	57.14	45.42	38.33	17.08	15.04	14.81	7.49	4.88	3.66
71	牡丹江	24.18	46.68	39.11	48.63	43.41	38.07	32.44	5.48	5.04	2.59
72	黑河	6.88	6.48	13.00	20.91	23.65	19.88	13.14	10.23	7.19	4.13

续表

编号	城市	2000年	2001年	2002年	2003年	2004年	2005年	2006年	2007年	2008年	2009年
73	绥化	5.32	15.11	20.65	15.43	12.00	12.48	8.53	3.59	1.82	2.05
74	大兴安岭	5.22	6.99	6.21	15.15	7.48	7.50	8.63	14.15	8.13	17.87
75	南京	31.84	33.70	34.99	36.07	38.03	31.27	43.54	8.15	8.42	5.46
76	无锡	22.53	25.76	30.55	26.92	32.93	30.82	41.87	14.32	13.53	8.65
77	徐州	9.57	12.44	15.04	12.14	14.56	15.03	16.09	11.93	10.90	9.36
78	常州	40.15	44.74	51.40	55.40	54.52	43.50	46.15	24.96	14.25	10.98
79	苏州	20.51	27.47	27.76	32.98	36.92	26.88	42.80	18.26	13.08	10.23
80	南通	4.61	10.22	9.83	10.78	12.71	16.15	14.65	10.09	5.02	2.81
81	连云港	11.06	7.70	11.08	7.89	10.93	12.68	15.77	6.28	3.79	2.63
82	淮安	10.47	9.90	15.99	14.21	19.84	16.48	13.91	7.13	7.51	6.55
83	盐城	10.91	11.74	14.25	13.62	18.18	16.24	13.73	8.58	8.22	7.10
84	扬州	15.47	18.96	23.42	26.01	26.28	19.82	21.15	17.70	14.88	6.63
85	镇江	32.81	31.59	35.49	33.35	37.41	28.20	31.10	10.01	8.56	6.60
86	泰州	13.96	17.99	17.26	17.22	17.59	17.12	23.57	12.52	12.06	8.25
87	宿迁	9.64	11.28	10.29	7.83	14.55	13.54	18.85	3.37	3.55	3.35
88	杭州	40.67	46.48	61.59	3.05	48.39	25.60	25.89	23.48	22.20	18.88
89	宁波	54.37	56.74	64.30	2.55	36.90	30.65	16.52	13.28	10.88	9.18
90	温州	37.73	49.74	45.88	2.64	29.18	5.90	3.65	3.14	4.65	4.26

续表

编号	城市	2000 年	2001 年	2002 年	2003 年	2004 年	2005 年	2006 年	2007 年	2008 年	2009 年
91	嘉兴	15.52	23.53	20.85	5.05	14.57	9.33	5.51	5.17	4.35	3.80
92	湖州	24.16	26.51	41.54	3.66	13.98	8.03	5.08	4.62	4.56	4.51
93	绍兴	40.28	38.31	48.45	6.69	31.21	6.84	5.46	5.04	4.62	4.41
94	金华	28.81	42.35	51.42	11.56	26.01	10.31	13.97	14.00	13.05	12.59
95	衢州	15.58	16.83	26.29	19.49	9.81	8.76	4.22	3.47	3.21	3.24
96	舟山	16.77	20.49	26.69	6.18	10.75	10.46	6.73	6.21	5.99	4.75
97	台州	13.17	27.35	38.29	3.11	38.11	19.92	21.43	19.21	17.07	16.09
98	丽水	21.56	21.03	23.67	4.33	17.26	6.77	4.75	3.90	3.99	3.73
99	合肥	23.57	27.26	39.86	24.16	10.64	29.14	42.06	25.14	29.96	28.37
100	芜湖	13.75	22.38	20.52	19.57	22.30	12.23	11.83	7.90	7.89	8.00
101	蚌埠	12.12	13.28	23.31	18.88	26.80	24.51	14.33	13.17	8.57	10.29
102	淮南	7.77	9.50	23.89	21.62	24.09	13.49	20.51	13.16	7.39	9.77
103	马鞍山	6.32	11.55	39.97	31.43	37.50	53.16	56.24	49.56	51.05	59.87
104	淮北	2.48	3.82	12.82	16.72	31.40	16.45	31.43	21.72	24.56	22.92
105	铜陵	6.74	6.54	22.48	16.36	19.81	17.10	10.67	9.37	7.85	5.95
106	安庆	5.74	8.13	7.93	9.90	12.60	15.05	12.98	10.70	8.67	7.73
107	黄山	3.79	3.26	17.92	16.75	20.35	15.38	12.33	6.56	3.51	4.58
108	滁州	40.59	44.75	13.70	12.66	11.66	12.64	8.09	12.84	12.23	5.24

续表

编号	城市	2000 年	2001 年	2002 年	2003 年	2004 年	2005 年	2006 年	2007 年	2008 年	2009 年
109	阜阳	15.37	18.85	8.46	6.47	8.04	8.38	7.56	5.90	2.08	1.62
110	宿州	14.78	17.75	7.22	4.40	4.09	7.07	16.20	7.68	2.87	3.27
111	巢湖	10.85	13.99	7.87	5.91	5.89	3.25	2.45	1.80	1.47	1.24
112	六安	54.20	63.41	7.04	6.17	8.41	5.61	5.26	6.10	6.50	5.81
113	亳州	10.93	30.38	11.23	9.66	13.62	24.64	18.13	5.65	3.67	1.84
114	池州	2.63	3.02	12.40	9.62	5.95	11.33	11.90	11.58	8.81	8.01
115	宣城	10.29	9.26	7.77	7.28	8.04	7.40	3.72	1.31	4.34	4.39
116	福州	6.43	13.04	35.10	54.65	23.86	18.21	27.17	22.13	17.00	17.79
117	厦门	29.56	61.40	126.87	182.03	89.49	74.63	89.09	41.20	23.66	13.95
118	莆田	11.77	13.28	27.68	30.55	15.81	15.47	16.03	9.44	11.59	9.39
119	三明	6.52	6.66	16.44	28.23	17.42	16.87	17.31	4.82	3.44	3.54
120	泉州	17.86	31.41	57.51	78.13	31.89	26.63	33.08	23.80	18.78	23.25
121	漳州	14.06	13.76	26.89	29.00	15.54	11.74	17.97	2.94	2.45	1.93
122	南平	6.12	7.35	18.64	27.71	11.44	9.53	9.60	3.49	2.53	3.13
123	龙岩	7.94	8.48	22.34	20.53	11.02	7.27	6.68	3.35	3.06	2.42
124	宁德	10.20	11.61	17.17	18.91	16.51	13.26	21.79	6.90	5.49	3.77
125	南昌	23.70	26.87	24.84	28.94	31.51	33.03	37.38	32.35	47.39	32.16
126	景德镇	16.90	14.26	12.82	12.65	11.57	23.37	25.50	13.51	13.55	4.00

续表

编号	城市	2000年	2001年	2002年	2003年	2004年	2005年	2006年	2007年	2008年	2009年
127	萍乡	11.05	11.44	9.45	15.72	15.87	17.33	14.65	14.02	17.76	18.61
128	九江	14.44	14.78	14.41	15.84	22.14	12.21	14.41	6.29	4.84	13.22
129	新余	16.30	15.53	12.96	19.04	21.33	22.25	16.44	10.04	9.71	9.12
130	鹰潭	18.73	17.99	16.79	22.00	20.98	10.32	10.60	10.25	19.24	20.89
131	赣州	7.67	6.36	8.66	7.20	7.47	6.86	7.15	4.91	5.35	4.79
132	吉安	10.72	15.51	14.01	12.18	16.03	15.04	11.30	15.23	13.03	9.96
133	宜春	11.72	17.12	16.10	15.41	14.50	13.90	11.80	18.57	17.58	21.66
134	抚州	12.47	16.26	13.91	16.27	13.11	13.42	14.20	10.98	9.80	14.49
135	上饶	11.40	7.03	6.93	7.58	7.70	7.10	7.79	4.52	5.33	6.87
136	济南	22.77	25.82	25.97	23.64	20.03	25.46	17.45	31.38	14.27	13.18
137	青岛	41.93	40.96	41.20	32.91	26.15	49.15	18.60	12.94	11.15	9.92
138	淄博	45.22	41.58	62.23	42.99	36.46	33.60	30.28	19.11	18.76	19.84
139	枣庄	16.20	13.90	17.31	15.28	17.15	16.08	15.08	14.02	11.01	10.29
140	东营	34.51	33.30	29.25	26.87	21.00	21.62	17.60	15.46	12.93	15.17
141	烟台	17.31	16.76	11.41	12.31	6.40	5.86	3.62	2.96	2.47	2.04
142	潍坊	18.67	14.28	26.30	21.15	13.62	16.64	10.03	7.30	4.94	4.53
143	济宁	18.92	20.56	28.15	13.73	12.15	16.31	5.63	6.95	4.13	3.92
144	泰安	14.91	15.61	26.39	19.36	15.60	15.15	8.88	5.81	7.30	7.03

续表

编号	城市	2000 年	2001 年	2002 年	2003 年	2004 年	2005 年	2006 年	2007 年	2008 年	2009 年
145	威海	50.78	51.93	59.53	52.30	41.89	45.04	27.06	17.76	6.26	5.02
146	日照	21.88	28.21	41.05	28.40	24.49	34.21	15.72	9.95	8.01	5.53
147	莱芜	7.22	8.49	10.41	14.29	4.92	3.60	2.48	0.88	6.35	9.97
148	临沂	5.83	5.02	3.77	2.83	2.22	2.57	2.03	1.29	2.64	1.04
149	德州	10.14	10.81	9.75	8.94	7.27	7.51	4.28	3.95	2.55	1.78
150	聊城	6.20	12.66	13.02	9.88	17.21	19.10	14.12	9.85	14.79	13.17
151	滨州	19.44	10.80	46.90	28.38	25.76	30.31	22.56	14.10	9.87	7.15
152	菏泽	6.94	8.00	9.30	3.60	4.00	3.42	3.08	2.36	0.78	2.96
153	郑州	24.59	24.94	31.79	29.03	20.25	15.58	19.80	18.16	22.47	16.42
154	开封	13.90	14.09	16.10	14.31	15.47	5.69	5.86	4.63	3.35	2.96
155	洛阳	11.19	14.84	16.94	16.18	15.91	7.59	5.33	4.03	3.13	0.88
156	平顶山	9.10	11.37	13.51	17.85	25.75	7.89	7.42	2.33	3.01	3.04
157	安阳	11.93	14.97	21.75	14.57	11.88	6.56	5.44	2.35	2.07	1.60
158	鹤壁	17.07	21.35	28.73	17.34	30.25	30.03	20.97	7.86	9.19	7.58
159	新乡	15.28	18.69	23.01	11.28	10.52	6.02	5.13	2.74	3.51	2.15
160	焦作	13.45	33.54	43.68	27.49	19.68	13.08	6.79	1.57	0.78	0.69
161	濮阳	11.32	12.02	15.27	11.72	10.98	9.21	9.40	6.50	6.03	3.40
162	许昌	14.93	21.15	22.06	16.02	23.68	15.69	7.25	2.00	1.88	1.20

续表

编号	城市	2000 年	2001 年	2002 年	2003 年	2004 年	2005 年	2006 年	2007 年	2008 年	2009 年
163	漯河	10.49	10.69	8.00	4.54	4.55	4.95	4.56	2.62	1.09	1.39
164	三门峡	14.51	15.46	12.40	13.39	14.83	6.29	2.97	1.97	1.84	1.52
165	南阳	7.72	9.22	10.38	9.93	12.00	6.68	4.03	2.09	1.08	0.82
166	商丘	4.06	2.84	6.20	4.60	5.55	2.99	2.86	0.75	1.68	1.15
167	信阳	5.26	5.72	6.08	6.00	5.82	3.38	4.35	3.64	1.20	0.78
168	周口	2.58	3.57	3.66	4.70	5.80	3.42	3.45	1.52	2.63	1.82
169	驻马店	11.83	4.82	7.13	5.93	8.00	5.82	6.70	2.12	1.67	1.32
170	武汉	41.14	41.90	34.20	39.27	59.35	66.23	66.04	64.49	48.85	43.21
171	黄石	27.58	23.31	22.66	26.28	28.72	25.56	30.25	31.25	33.77	38.17
172	十堰	4.89	5.19	5.67	4.11	3.43	9.41	14.26	10.32	17.78	16.85
173	宜昌	6.08	9.74	15.66	7.94	4.49	11.37	15.59	9.52	13.35	10.22
174	襄樊	8.56	6.74	4.76	6.98	7.81	16.17	12.87	10.46	16.27	17.56
175	鄂州	4.05	28.84	27.10	24.47	21.13	26.03	31.77	26.93	31.81	38.77
176	荆门	17.30	4.78	2.26	1.56	2.27	6.65	6.44	7.54	9.43	9.47
177	孝感	16.10	4.80	3.93	3.10	3.38	6.76	11.21	11.38	0.38	16.70
178	荆州	4.81	3.65	3.31	5.60	7.42	7.65	10.43	11.89	13.34	12.66
179	黄冈	4.49	6.41	2.89	4.07	2.89	10.15	8.86	9.36	11.06	9.96
180	咸宁	6.89	4.13	4.61	4.85	4.05	11.81	14.56	19.09	21.34	22.12

续表

编号	城市	2000 年	2001 年	2002 年	2003 年	2004 年	2005 年	2006 年	2007 年	2008 年	2009 年
181	随州	0.44	0.72	0.62	0.39	0.32	2.03	6.32	5.04	9.29	5.74
182	恩施	2.68	1.10	1.08	0.89	0.99	9.33	6.78	6.16	22.29	8.28
183	长沙	6.96	12.77	16.12	27.27	23.80	13.96	25.49	31.29	21.56	14.93
184	株洲	10.64	8.87	21.50	10.84	11.35	12.88	12.64	13.24	3.88	2.69
185	湘潭	6.01	8.27	8.57	11.63	9.70	13.55	14.57	20.29	14.35	3.76
186	衡阳	4.21	7.42	7.92	10.32	7.49	5.91	5.70	2.89	1.08	1.89
187	邵阳	4.49	5.16	5.11	6.53	5.07	4.02	3.52	1.55	1.25	0.68
188	岳阳	6.81	4.66	4.32	8.92	11.72	13.73	10.03	5.05	1.05	2.37
189	常德	1.70	3.46	7.81	5.33	5.36	2.40	2.30	4.00	3.42	1.78
190	张家界	10.22	7.49	9.38	8.83	6.43	12.94	9.29	8.68	7.75	6.53
191	益阳	5.94	4.48	4.13	5.76	4.49	4.58	5.08	1.78	1.30	1.98
192	郴州	3.38	4.54	5.09	7.45	4.53	4.54	4.32	4.31	1.32	2.49
193	永州	4.46	3.48	4.56	5.77	4.82	3.88	2.98	4.36	3.29	2.49
194	怀化	3.53	2.53	3.02	3.37	2.53	6.50	4.98	10.57	6.50	7.17
195	娄底	4.38	4.50	3.38	7.11	8.64	8.11	5.15	4.52	1.89	0.98
196	湘西	8.67	11.01	11.79	11.97	10.81	12.26	9.26	7.06	3.91	2.65
197	广州	57.56	19.03	68.61	67.65	94.59	94.39	29.84	16.64	16.22	14.70
198	韶关	5.63	3.39	6.57	9.65	4.42	2.56	1.59	3.64	2.01	1.38

续表

编号	城市	2000 年	2001 年	2002 年	2003 年	2004 年	2005 年	2006 年	2007 年	2008 年	2009 年
199	深圳	6.88	4.32	97.06	150.86	90.93	150.57	107.96	59.09	45.12	31.39
200	珠海	33.15	71.78	26.34	52.80	48.55	31.64	15.23	19.33	12.06	8.77
201	汕头	0.94	6.33	12.28	12.32	7.61	2.44	2.02	0.92	0.89	0.74
202	佛山	52.88	74.02	75.13	85.36	27.59	11.34	2.99	2.19	2.00	1.47
203	江门	5.57	4.39	12.12	19.03	26.10	31.04	16.19	6.13	4.82	3.35
204	湛江	6.52	5.75	6.60	6.14	6.93	6.73	3.57	0.97	0.45	1.56
205	茂名	0.95	3.83	3.43	2.75	2.21	2.10	1.98	4.31	3.16	4.04
206	肇庆	2.51	5.17	6.99	4.10	3.15	2.64	3.90	1.18	0.80	1.09
207	惠州	3.20	2.96	6.43	11.31	13.34	25.33	17.92	22.56	15.93	8.42
208	梅州	2.21	4.21	6.47	5.38	5.93	5.05	1.26	0.77	0.47	0.43
209	汕尾	0.74	2.87	5.29	4.11	5.39	5.07	2.66	4.24	2.44	3.05
210	河源	2.33	2.19	2.23	3.86	5.16	4.01	3.93	1.40	0.61	0.60
211	阳江	4.91	7.34	8.01	8.29	6.43	5.64	2.54	2.14	0.77	0.58
212	清远	1.24	5.22	4.40	6.72	6.58	6.88	4.30	4.69	4.04	2.01
213	东莞	25.82	41.91	33.03	37.67	43.27	47.77	36.78	52.84	40.65	61.88
214	中山	5.01	9.86	29.19	40.75	44.96	60.22	44.41	11.92	6.42	3.65
215	潮州	12.61	8.66	11.46	12.89	13.26	13.91	11.12	5.86	2.42	2.75
216	揭阳	1.88	1.36	2.26	2.44	3.91	2.96	1.88	0.91	0.64	0.31

续表

编号	城市	2000年	2001年	2002年	2003年	2004年	2005年	2006年	2007年	2008年	2009年
217	云浮	4.35	4.40	6.50	8.34	9.30	10.12	4.57	1.64	1.39	1.31
218	南宁	15.94	13.92	16.43	7.32	8.72	9.33	11.64	3.56	2.26	2.44
219	柳州	29.82	21.12	10.04	15.00	14.38	10.71	9.82	10.84	5.76	3.86
220	桂林	10.71	10.32	8.31	9.70	8.54	8.29	7.59	4.76	3.27	2.68
221	梧州	6.22	3.56	3.40	4.26	3.11	2.73	6.00	3.03	2.43	2.18
222	北海	10.16	9.74	9.90	13.90	13.74	6.18	6.25	3.20	1.90	1.44
223	防城港	7.07	5.27	3.07	5.83	6.02	6.45	9.25	8.64	6.13	5.29
224	钦州	3.44	3.64	3.42	5.41	3.99	4.76	5.19	1.38	0.63	0.94
225	贵港	3.73	3.78	3.63	4.32	4.04	4.36	3.61	2.58	3.71	2.32
226	玉林	3.53	3.11	5.80	2.95	2.87	3.04	3.17	2.64	1.68	1.90
227	百色	4.69	4.79	5.12	4.51	5.48	3.93	3.25	2.44	1.73	1.63
228	贺州	4.13	3.71	5.23	6.21	5.08	3.54	4.20	4.03	4.29	2.86
229	河池	4.87	3.94	2.85	4.49	4.86	3.65	2.98	3.02	0.77	0.49
230	来宾	2.35	2.60	6.27	3.03	4.46	4.52	3.31	3.44	3.28	2.00
231	崇左	5.31	3.59	3.16	3.16	2.99	2.66	2.49	2.53	1.67	1.53
232	海口	36.97	24.92	40.38	22.20	31.64	41.88	43.47	26.02	26.77	18.95
233	三亚	9.68	5.76	6.45	52.18	46.88	46.95	59.35	68.38	39.19	29.08
234	成都	17.33	16.33	21.67	32.17	32.38	34.33	51.29	36.84	18.08	21.85

续表

编号	城市	2000年	2001年	2002年	2003年	2004年	2005年	2006年	2007年	2008年	2009年
235	自贡	7.81	9.97	5.75	7.39	13.58	14.60	15.04	9.34	5.74	4.08
236	攀枝花	17.38	22.52	26.91	33.24	22.41	36.42	55.50	5.63	3.60	4.84
237	泸州	2.33	5.28	6.20	6.45	5.94	9.67	10.97	2.11	2.41	1.17
238	德阳	7.80	7.70	10.13	9.41	6.43	8.52	11.13	8.77	4.98	4.97
239	绵阳	12.29	13.86	7.55	11.20	12.49	17.70	19.78	13.89	10.08	9.31
240	广元	5.49	6.13	6.02	7.27	6.61	9.63	13.68	10.25	8.12	6.24
241	遂宁	7.63	10.91	10.77	9.45	6.06	5.91	9.99	5.26	3.61	3.02
242	内江	7.05	7.81	8.18	10.78	4.90	3.96	7.15	3.00	2.89	2.09
243	乐山	3.85	4.85	9.95	11.10	9.20	10.37	17.11	7.57	10.16	8.81
244	南充	7.18	6.06	8.03	7.22	6.06	8.26	10.03	4.84	4.35	2.30
245	眉山	6.38	2.88	9.11	12.03	8.28	8.60	4.53	4.18	3.84	4.05
246	宜宾	3.19	5.06	6.93	6.04	5.84	8.60	11.33	8.10	9.51	8.71
247	广安	4.97	4.81	6.01	6.51	9.04	11.04	18.56	8.61	6.65	1.51
248	达州	0.68	0.79	3.39	3.47	5.28	4.83	5.88	0.60	0.55	1.17
249	雅安	4.41	3.11	5.37	5.49	6.68	9.04	4.98	4.42	3.69	2.32
250	巴中	2.13	1.14	2.26	3.40	3.88	6.18	10.23	6.01	4.30	4.18
251	资阳	3.07	3.85	6.33	7.73	10.72	9.89	4.62	5.45	2.76	3.27
252	阿坝	5.91	5.03	4.65	7.44	11.40	9.67	10.14	7.21	4.42	4.60

续表

编号	城市	2000年	2001年	2002年	2003年	2004年	2005年	2006年	2007年	2008年	2009年
253	甘孜	3.94	6.15	5.67	6.19	7.31	7.74	6.88	5.24	6.56	6.16
254	凉山	2.39	2.46	5.34	5.82	3.66	5.37	3.12	3.79	2.60	2.92
255	贵阳	20.86	20.45	18.80	20.65	23.50	22.82	17.63	3.56	5.66	6.32
256	六盘水	4.17	3.81	4.69	5.58	4.37	5.23	5.23	1.58	1.21	2.90
257	遵义	3.46	3.97	5.20	4.73	4.27	4.77	4.59	1.96	1.61	1.19
258	安顺	2.54	4.00	6.83	6.81	7.12	7.39	7.01	5.17	3.00	2.56
259	铜仁地	3.23	5.20	4.81	3.88	4.17	6.64	4.46	1.54	1.44	2.43
260	黔西南	4.22	5.33	7.09	7.13	2.77	4.12	3.93	2.36	1.84	1.84
261	毕节	0.65	0.90	0.89	0.53	1.44	1.42	1.51	0.49	0.35	0.46
262	黔东南	2.77	2.25	2.16	2.99	3.00	4.14	3.45	2.59	2.92	2.96
263	黔南	1.71	4.40	6.48	5.92	4.49	2.94	1.44	2.17	2.03	2.52
264	昆明	16.90	22.01	23.10	28.06	22.02	27.42	30.02	18.97	16.86	15.81
265	曲靖	6.98	7.12	8.22	8.80	7.23	7.51	2.58	2.88	2.98	1.65
266	玉溪	13.39	17.06	15.29	15.53	15.45	17.32	12.29	15.28	15.54	11.15
267	保山	7.97	5.55	4.21	7.65	8.72	7.76	9.11	3.92	2.58	1.57
268	昭通	2.99	4.11	4.67	3.49	2.25	2.01	1.15	1.10	0.87	0.99
269	丽江	8.74	7.31	9.17	7.77	9.56	7.75	6.84	3.29	4.02	5.55
270	普洱	4.06	3.93	2.66	3.79	2.57	3.54	1.40	1.86	1.17	2.09

续表

编号	城市	2000年	2001年	2002年	2003年	2004年	2005年	2006年	2007年	2008年	2009年
271	临沧	2.39	2.47	2.36	3.69	2.46	4.65	3.72	3.29	1.76	1.59
272	楚雄	4.94	4.87	4.41	7.69	5.65	7.30	9.47	6.07	4.34	4.66
273	红河	4.69	5.66	7.07	9.14	6.59	8.52	10.98	0.71	1.06	2.18
274	文山	3.85	4.64	4.58	5.09	6.08	6.93	6.05	3.40	2.62	2.92
275	西双版纳	12.31	9.78	12.05	8.86	10.38	11.07	13.06	4.60	5.65	4.00
276	大理	6.21	6.68	5.34	6.97	2.71	1.81	1.69	1.84	1.84	2.96
277	德宏	8.35	5.74	3.47	4.77	5.47	7.73	6.78	2.38	4.09	6.28
278	怒江	5.18	8.58	6.84	7.42	5.96	5.13	7.79	3.59	1.77	1.68
279	迪庆	9.97	10.51	10.18	7.44	5.42	5.38	8.60	3.47	5.31	6.33
280	拉萨	17.80	18.66	15.37	14.01	25.84	28.26	27.59	20.87	14.26	19.08
281	昌都	0.70	4.76	2.23	3.26	2.18	0.68	1.19	1.00	1.31	0.16
282	山南	2.19	4.48	10.38	9.38	4.62	9.57	6.48	4.85	6.53	7.19
283	日喀则	1.43	3.13	3.28	3.40	3.61	5.95	2.53	2.94	2.17	2.66
284	那曲	1.11	2.13	2.92	4.65	2.49	4.44	6.42	4.82	4.23	3.32
285	阿里	17.50	16.58	7.79	3.85	10.00	9.76	10.98	19.18	12.79	7.05
286	林芝	7.14	7.54	8.00	12.90	10.76	14.81	26.54	25.55	16.77	18.57
287	西安	15.19	16.44	22.36	21.49	35.70	35.37	31.82	25.93	20.08	19.30
288	铜川	4.33	5.51	8.11	9.76	14.34	19.03	17.97	23.45	7.76	19.34

续表

编号	城市	2000年	2001年	2002年	2003年	2004年	2005年	2006年	2007年	2008年	2009年
289	宝鸡	18.55	12.51	28.04	14.71	24.60	34.13	32.65	31.92	29.13	19.25
290	咸阳	9.44	9.72	13.08	6.76	13.90	16.77	11.37	12.17	7.76	8.17
291	渭南	17.35	13.17	14.62	12.94	20.52	22.23	21.99	28.87	13.25	13.13
292	延安	9.71	6.36	6.28	5.11	8.59	9.21	8.23	12.48	6.14	7.38
293	汉中	7.18	4.66	4.16	3.87	11.95	12.64	12.24	12.73	10.42	8.81
294	榆林	4.17	4.30	3.94	6.99	11.05	9.26	10.52	11.00	10.37	10.47
295	安康	2.94	3.28	3.31	4.35	2.78	4.04	4.00	1.60	1.95	1.02
296	商洛	0.80	3.00	2.58	6.61	13.10	6.14	9.85	7.07	5.61	4.53
297	兰州	26.38	26.26	23.48	21.58	20.15	22.35	30.01	18.51	13.81	14.00
298	嘉峪关	26.30	49.69	64.29	62.43	54.07	94.32	105.11	36.93	20.43	10.14
299	金昌	26.08	28.54	23.75	26.52	29.09	31.45	16.74	7.61	5.33	4.41
300	白银	3.54	6.75	6.64	8.75	13.12	12.72	13.98	8.56	9.77	5.79
301	天水	3.90	5.40	5.97	4.31	5.55	5.33	5.36	3.97	3.53	2.75
302	武威	18.72	13.32	20.05	18.24	26.50	9.24	12.07	8.91	2.90	2.82
303	张掖	25.05	35.99	23.72	40.85	20.30	17.43	13.34	5.52	8.18	13.96
304	平凉	3.14	6.30	5.94	5.22	5.50	4.89	4.75	1.74	1.72	0.70
305	酒泉	8.86	44.28	30.81	50.10	30.89	24.81	12.94	11.79	13.56	9.42
306	庆阳	2.53	3.56	6.51	6.92	6.76	5.20	3.10	2.73	0.54	0.27

续表

编号	城市	2000年	2001年	2002年	2003年	2004年	2005年	2006年	2007年	2008年	2009年
307	定西	6.66	3.67	17.15	3.34	6.17	3.00	4.33	3.11	2.69	3.97
308	陇南	2.11	2.25	2.90	3.04	3.76	3.03	2.66	1.60	1.25	1.45
309	临夏	2.50	2.96	5.14	3.90	5.93	4.57	6.00	3.64	1.18	1.07
310	甘南	6.12	6.68	6.78	8.21	6.82	8.08	3.32	3.97	1.68	1.93
311	西宁	22.45	20.69	15.36	20.00	22.82	24.82	32.86	35.58	41.32	39.39
312	海东	10.58	14.11	13.44	12.35	16.35	13.90	11.86	15.64	20.89	20.33
313	海北	5.34	6.08	4.51	3.36	6.62	3.28	3.28	5.78	8.27	11.42
314	黄南	1.54	1.93	11.00	9.86	4.52	9.82	11.61	8.62	14.58	15.78
315	海南	15.53	4.62	10.23	7.11	7.45	6.40	4.74	12.29	8.67	7.49
316	果洛	0.75	3.73	4.44	10.07	16.11	5.19	11.04	16.13	8.13	6.02
317	玉树	1.17	1.93	3.04	8.36	5.42	2.64	3.30	9.32	4.82	3.64
318	海西	19.89	22.11	31.04	27.65	29.76	31.52	26.36	24.06	32.55	38.87
319	银川	96.00	93.25	91.65	103.46	129.49	127.03	130.48	108.19	108.52	117.58
320	石嘴山	48.72	48.38	51.00	45.33	78.55	76.32	74.02	85.84	52.97	57.89
321	吴忠	71.90	70.10	88.13	60.99	84.09	76.20	72.03	66.44	57.04	64.50
322	固原	6.37	6.36	8.83	7.93	14.21	15.37	9.66	10.10	7.55	10.73
323	乌鲁木齐	46.17	64.13	68.81	66.50	71.27	81.57	84.74	58.41	55.23	45.40
324	克拉玛依	34.40	34.82	46.90	57.09	81.96	98.47	113.36	183.42	69.60	36.96

续表

编号	城市	2000 年	2001 年	2002 年	2003 年	2004 年	2005 年	2006 年	2007 年	2008 年	2009 年
325	吐鲁番	35.94	26.11	27.51	14.69	25.86	43.90	40.51	40.79	30.15	15.95
326	哈密	42.48	34.61	40.96	47.43	48.52	59.96	53.32	51.63	45.29	38.39
327	昌吉	30.07	26.33	27.11	35.84	41.99	47.90	64.67	36.05	36.31	21.26
328	博尔塔拉	19.34	18.28	25.94	27.50	42.58	42.58	41.72	35.10	32.49	22.37
329	巴音郭楞	39.98	51.48	41.41	38.95	50.30	51.81	52.14	51.38	43.14	47.09
330	阿克苏	8.24	9.72	8.58	8.03	11.08	14.20	13.85	22.79	22.05	27.29
331	克孜勒苏	5.03	9.89	7.30	7.86	14.08	12.81	12.60	11.20	9.90	9.05
332	喀什	9.78	8.08	6.88	6.94	5.79	4.89	9.22	11.83	10.62	11.65
333	和田	3.00	3.26	4.66	4.59	4.11	3.66	6.14	8.60	5.24	6.90
334	伊犁	12.81	9.25	7.14	7.91	14.48	14.29	19.08	28.42	18.27	17.99
335	塔城	20.77	22.73	28.60	40.71	54.50	50.15	49.23	51.27	37.96	30.90
336	阿勒泰	17.83	13.62	19.27	19.74	18.57	19.12	13.17	11.78	10.89	13.99
337	石河子	42.76	47.66	49.92	57.14	54.36	65.58	49.53	36.47	42.88	41.88

附表 2　江苏省分月火灾 4 项指标

序号	年份	月份	火灾起数 / 起	死亡人数 / 人	受伤人数 / 人	经济损失 / 万元
1	2001	1	1108	25	22	376.7
2	2001	2	831	10	18	287.3
3	2001	3	1308	17	15	297.6
4	2001	4	1074	13	16	311.3
5	2001	5	1074	13	16	311.3
6	2001	6	1088	20	49	355
7	2001	7	1156	7	23	323.6
8	2001	8	1149	5	39	272.6
9	2001	9	773	8	22	217.1
10	2001	10	896	5	29	270.9
11	2001	11	1135	8	16	237.2
12	2001	12	1180	15	13	311.9
13	2002	1	961	14	15	200.3
14	2002	2	1497	28	24	518.3
15	2002	3	1159	14	25	277.1
16	2002	4	897	3	17	272.8
17	2002	5	837	2	17	238.9
18	2002	6	1249	9	20	381.6
19	2002	7	979	10	28	330.8
20	2002	8	938	2	26	191.6
21	2002	9	957	8	16	197.9
22	2002	10	1103	8	14	356.1
23	2002	11	1106	19	20	335.7
24	2002	12	918	22	17	192.7
25	2003	1	1480	17	10	369
26	2003	2	1284	16	12	326.3
27	2003	3	1110	14	24	354.5
28	2003	4	923	7	14	324.1
29	2003	5	944	11	15	412.4
30	2003	6	1267	22	20	435.03

续表

序号	年份	月份	火灾起数 / 起	死亡人数 / 人	受伤人数 / 人	经济损失 / 万元
31	2003	7	1022	8	21	376.2
32	2003	8	935	6	30	350.2
33	2003	9	960	11	13	358.9
34	2003	10	1064	6	32	410.4
35	2003	11	1092	20	3	451.2
36	2003	12	1500	30	16	433.7
37	2004	1	2089	40	23	362.7
38	2004	2	1651	27	18	506.4
39	2004	3	1416	17	2	447.9
40	2004	4	1161	13	10	288.1
41	2004	5	1139	13	25	342.9
42	2004	6	1318	13	11	338.1
43	2004	7	1289	7	19	462.3
44	2004	8	1120	6	10	462.3
45	2004	9	1064	10	17	403.8
46	2004	10	1479	14	20	2263.4
47	2004	11	1326	13	2	270
48	2004	12	1402	12	3	353.5
49	2005	1	1767	26	12	601.2
50	2005	2	1723	24	9	330.5
51	2005	3	1832	20	6	416.7
52	2005	4	1741	14	12	443.3
53	2005	5	1410	5	9	363.9
54	2005	6	2143	13	10	402.2
55	2005	7	1207	5	15	239.8
56	2005	8	1247	1	5	254.6
57	2005	9	1012	3	9	278.5
58	2005	10	1220	17	9	341.6
59	2005	11	1147	5	3	211.8
60	2005	12	2148	33	12	375.1

续表

序号	年份	月份	火灾起数 / 起	死亡人数 / 人	受伤人数 / 人	经济损失 / 万元
61	2006	1	1754	17	4	346
62	2006	2	1937	15	7	427
63	2006	3	1624	3	3	255.8
64	2006	4	1621	12	5	433.2
65	2006	5	1334	8	11	306.3
66	2006	6	1841	10	9	332.9
67	2006	7	1286	3	8	284.2
68	2006	8	1340	1	1	231.7
69	2006	9	1177	8	2	303.4
70	2006	10	1286	4	4	276
71	2006	11	1522	6	2	239.4
72	2006	12	1115	3	2	228.4
73	2007	1	804	9	5	402
74	2007	2	978	14		372.5
75	2007	3	726	15	4	263.3
76	2007	4	812	11	1	321.1
77	2007	5	826	11	11	309.3
78	2007	6	862	4	7	366.7
79	2007	7	591	3	1	227.5
80	2007	8	582	3	2	232.6
81	2007	9	568	4	4	329
82	2007	10	505	2	2	239.6
83	2007	11	606	14	2	314.3
84	2007	12	598	4	1	270.5
85	2008	1	679	7	2	256.3
86	2008	2	942	7	2	339.9
87	2008	3	818	7		298
88	2008	4	639	13	3	407.8
89	2008	5	514	4	3	273.9
90	2008	6	531	3	2	258.3

续表

序号	年份	月份	火灾起数 / 起	死亡人数 / 人	受伤人数 / 人	经济损失 / 万元
91	2008	7	469	2	2	454.1
92	2008	8	413	4	5	237.6
93	2008	9	413	4	3	168.9
94	2008	10	442	4	1	254.1
95	2008	11	405	5	2	179.7
96	2008	12	577	7	7	821.9
97	2009	1	579	12	2	364.9
98	2009	2	622	2	1	320.5
99	2009	3	411	7	4	438.9
100	2009	4	435	9	4	338.1
101	2009	5	482	9	5	378.6
102	2009	6	481	8	3	525
103	2009	7	367	7	4	313.9
104	2009	8	290	7	2	239.9
105	2009	9	317	3		480.9
106	2009	10	362	4	6	308.3
107	2009	11	352	5	4	299.6
108	2009	12	372	10	6	293.3
109	2010	1	599	21	2	954
110	2010	2	518	6	7	472.8
111	2010	3	391	9		423
112	2010	4	473	11	6	347.6
113	2010	5	435	3	4	300.9
114	2010	6	397	7	2	564.8
115	2010	7	363	4	6	474.3
116	2010	8	370	3	5	313.6
117	2010	9	351	4	1	440.2
118	2010	10	412	3	6	401.3
119	2010	11	492	5	1	448.1
120	2010	12	530	17	2	596.6

续表

序号	年份	月份	火灾起数 / 起	死亡人数 / 人	受伤人数 / 人	经济损失 / 万元
121	2011	1	633	10	1	820.2
122	2011	2	430	4	8	551.1
123	2011	3	549	2	3	591.1
124	2011	4	489	3	0	609.6
125	2011	5	478	13	4	609.7
126	2011	6	377	1	5	444.1

参考文献

[1] AFAC. Accidental fire fatalities in residential structures：who's at risk?[R]. Technical report. Australian Fire Authorities Council，2005.

[2] ANSELIN L. Spatial econometrics：methods and models[M]. Boston：Kluwer Academic Publishers，1988.

[3] ANTTI K，SEPPO K，HARRI S，et al. Climate change impacts on forest fire potential in boreal conditions in Finland[J]. Climatic change，2010（103）：383–398.

[4] BALTAGI B H. Econometric analysis of panel data[M]. 2nd ed. Chichester：Wiley，2001.

[5] BRUNO M M R，SQUIRE L. Equity and growth in developing countries：old and new perspectives on the policy issues[Z]. Policy research working paper No. 1518，World Bank，1995.

[6] CHANDLER S E. The effects of severe weather conditions on the incidence of fires in dwellings[J]. Fire safety journal，1982，5（1）：21–27.

[7] CHANG H S. Study of the exploration of fire occurrence spatial characteristics and impact factors-a case study of Tainan city[C]// 14th International Conference on Urban Planning and Regional Development in the Information Society. Spain，2009.

[8] CHARLES F K. Global warming：a review of this mostly settled issue[J].Stochastic environmental research and risk assessment，2008（5）：643–676.

[9] DINDA S. Environmental Kuznets curve hypothesis：a survey[J]. Ecological economics，2004，49（4）：431–455.

[10] DONALD M，ZE' EV G，DAVID L P，et al. Climatic change，wildfire，and conservation[J]. Conservation biology，2004（4）：890–902.

[11] DONNELL R P. Fire in the city：spatial perspectives on urban structural fire problems[D]. Syracuse：Syracuse University，1980：108–121.

[12] DUNCANSON M，WOODWARD A，REID P. Socioeconomic deprivation and fatal unintentional domestic fire incidents in New Zealand 1993-1998[J]. Fire safety journal，

2002，37：165–179.

[13] DUNCOMBE W D. Demand for local public services revisited：the case of fire protection[J]. Public finance quarterly，1991（19）：415，424–426，429.

[14] ELHORST J P. Specification and estimation of spatial panel data models[J]. International regional science review，2003（3）：244–268.

[15] ENGLE F R，GRANGER C W J . Co-integration and error corrction：repressenation，estimation and testing[J]. Econimetrica，1987，55：251–276.

[16] FAHY R，MILLER A. How being poor affects fire risk[J]. Fire journal，1989（83）：28–30.

[17] FEI J，AUSTIN R，GUSTAV R. Growth with equity：Taiwan case[M]. Oxford：Oxford University Press，1979.

[18] FENNER D B. Austin fire service demand：a frequency and regression analysis[D]. Austin：University of Texas at Austin，1990：105–106.

[19] FISHER R A. Statistical methods for research works[M]. 4th Eed. Edinburgh：Oliver & Boyd，1932.

[20] FLANNIGAN M D，LOGAN K A，AMIRO B D，et al. Future area burned in Canada[J]. Climatic change，2005（1–2）：1–16.

[21] GETZ M. The economics of the urban fire department[M]. Baltimore：Johns Hopkins University Press，1979：193–194.

[22] GOETZ B J. The American fire service and the state：government organization and social inequality[D]. Berkeley：University of California，Berkeley，1991：68.

[23] GOODHART E S. A multiple regression approach to cost/benefit analysis in the municipal fire department[D]. Pennsylvania：Pennsylvania State University，1982.

[24] GRANGER C W J. Investigating causal relations by econometric models and cross-spectral mehtods[J]. Econometrica，1969，37（3）：424–438.

[25] GROSSMAN G M，KRUEGER A B. Economic growth and the environment[J]. Quaterly journal of economics，1995，110（2）：353–377.

[26] GUNTHER P. Rural fire deaths：the role of climate and poverty[J]. Fire journal，1982（7）：34–38.

[27] HADRI K. Testing for stationarity in heterogeneous panel data[J]. Journal of econometrics，2000，3（2）：148–161.

[28] HAWLEY A H. Human ecology：a theoretical essay[M]. Chicago：The University of Chicago Press，1986.

[29] HITZHUSEN F J. Some policy implications for improved measurement of local government service output and costs：the case of fire protection[D]. Unpublished doctoral dissertation. New York：Cornell University，1972：227–230.

[30] HOFFMANN W A，SCHROEDER W，JACKSON R B. Regional feedbacks among fire，climate and tropical deforestation[J]. Journal of geophysical research atmospheres，2003，108（23）：21.

[31] IM K S，PESARAN M H，SHIN Y. Testing for unit roots in heterogeneous panels[J].

Journal of econometrics，2003，115（1）：53–74.

[32] IRMA A. Growth，income distribution and equity-oriented development strategies[J]. World development，1975（3）：67–76.

[33] JENNINGS R C. Socioeconomic characteristics and their relationship to fire incidence：a review of the literature[J]. Fire technology，1999（1）：7–34.

[34] JOHANSEN S，JUSELIUS K. Maximum likelihood estimation and inferences on cointegration-with applications to the demand for money[J]. Oxford bulletin of economics and statistics，1990，52（5）：169–210.

[35] JOHANSEN S. Likelihood-based inference in cointegrated vector autoregressive models[M]. Oxford：Oxford University Press，1995.

[36] JONATHAN C，GARY H，CHRIS B，et al. The use of comaps to explore the spatial and temporal dynamics of fire incidents：a case study in South Wales，United Kingdom[J]. The professional geographer，2007，59（4）：521–536.

[37] JONATHAN C，GARY H，DAVID R. Investigating the association between weather conditions，calendar events and socio-ecnomic patterns with trends in fire incidenc：an Australian case study[J]. Journal of geographical systems，2011（13）：193–226.

[38] KAO C. Spurious regression and residual-based tests for cointegration in panel data[J]. Journal of econometrics，1999，90（1）：1–44.

[39] KARTER M J，DORNNER A. Fire rates and census characteristics-a descriptive approach[R]. National Fire Protection Association，Unpublished report，June，1977.

[40] KOOP G，PESARAN M H，POTTER S M. Impulse response analysis in nonlinear multivariate models[J]. Journal of ecnometrics，1996，74（1）：119–147.

[41] KUZNETS S. Economic growth and income inequality[J]. American economic review，1955，45（1）：1–28.

[42] LEVIN A，LIN C F，CHU C S J. Unit root tests in panel data：asymptotic and finite-sample lewis，properties[J]. Journal of econometrics，2002，108（1）：1–24.

[43] MAURO C，LUCIANO G. Simple panel unit root tests to detect changes in persistence[J]. Economics letters，2007，96（3）：363–368.

[44] MOLLICONE D，EVA H D，ACHARD F. Ecology：human role in Russian wild fires[J]. Nature，2006，440：436–437.

[45] MUNSON M. Residential fires and urban neighborhoods：an empirical analysis of Charlotte, North Carolina[D]. New Jersey：Princeton University，1977：97–99.

[46] MURREY H J，PITTS E R，SMITH A D，et al. The relationship between selected socioeconomic variables and measures of arson：a cross-sectional study[J]. Fire technology，1987（1）：62–69.

[47] OHGAI A，GOHNAI Y，IKARUGA S，et al. Cellular automata modeling for fire spreading as a tool to aid community-based planning for disaster mitigation[Z]. Recent Advances in Design and Decision Support Systems in Architecture and Urban Planning，2004：193–209.

[48] ROBERT S，IRVING B K，ALAN H. Changes in the world income distribution[J]. Jour-

nal of policy modeling, 1984（6）: 237-269.

[49] ROBERT S, IRVING B, KRAVIS A H. Changes in the world income distribution[J]. Journal of policy modeling, 1984（6）: 237-269.

[50] RODRICK W. Expanding coupled shock fronts of urban decay and criminal behavior: how U.S. cities are becoming "hollowed out" [J]. Journal of quantitative criminology, 1991（4）: 333-359.

[51] RUNYAN W C, BANGDIWALA I S, LINZER A M, et al. Risk factors for fatal residential fires[J]. Fire technology, 1993（2）: 859-860.

[52] SCHAENMAN P S, HALL J, SCHAINBLATT A. Procedures for improving the measurement of local fire protection effectiveness[M]. Boston: National Fire Protection Association, 1977: 53-71.

[53] SCOTT C D. Forecasting local government spending[D]. Washington: The Urban Institute, 1972: 125-127.

[54] SIMON H A, SHEPARD R W, SHARP F W. Fire losses and fire risks[M]. Berkeley: University of California, Bureau of Public Administration, 1943.

[55] SIMS C A. Comparison of interwar and postwar business cycles[J]. American economic review, 1980a, 70（1）: 250-257.

[56] SIMS C A. Macroeconomics and reality[J]. Econometrica, 1980b, 48: 1-48.

[57] SMITH R, WRIGHT M, SOLANKI A. Analysis of fire and rescue performance and outcomes with reference to population socio-demographics[A]. Fire research series. Department for Communities and Local Government, London, 2008.

[58] Socioeconomic factors and the incidence of fire[R]. Federal Emergency Management Agency United States Fire Administration National Fire Data Center, 1997.

[59] SOLMON S, PLATTNER G K, KNUTTI R, et al. Irreversible climate change due to carbon dioxide emissions[J]. PNAS, 2009, 106（6）: 1704-1709.

[60] SOUTHWICK L, BUTLER J R. Fire department demand and supply in large cities[J]. Applied economics, 1985, 17（6）: 1046-1050.

[61] SPYRATOS V, BOURGERON P S, GHIL M. Development at the wildland-urban interface and the mitigation of forest-fire risk[J]. Proceedings of the National Academy of Sciences of the United States of America, 2007, 104（36）: 14 272-14 276.

[62] STERN D I. The rise and fall of the environmental Kuznets curve[J]. World development, 2004, 32（8）: 1419-1439.

[63] SUFIANTO H, GREEN R A. Urban fire situation in Indonesia[J]. Fire technology, 2011（2）: 357-387.

[64] SYRON R. An analysis of the collapse of the normal market for fire insurance in substandard urban core areas, research report 49[M]. Boston: Federal Reserve Bank of Boston, 1972: 159-162, 171.

[65] TOBLER W R. A computer movie simulating urban growth in the detroit region[J]. Economic geography, 1970, 46（Supp 1）: 234-240.

[66] VIEGAS D X，PINOL J. Estimating live fine fuels moisture content using meteorologically based indices[J]. International journal of wildland fire，2001，1（10）：223–240.

[67] WATERS N M. Methodology for servicing the geography of urban fire：an exploration with special reference to London, Ontario[D].Ontario：University of Western Ontario，1977：125–127.

[68] WFSC. World fire statistics：information bulletin of world fire statistics centre[R]. International Assoeiation for the Study of Lnsurance Eeonomics，2007–2010.

[69] WILLIAM M P. A first pass at computing the cost of fire safety in a modern society[J]. Fire technology，1991，27（4）：341–345.

[70] WILLIAMS A J，KAROLYN D J. Extreme fire weather in Australia and the impact of the EINino southern oscillation[J]. Australian meteorological magazine，1999，48（2）：15–22.

[71] 安虎森，殷广卫 . 中部塌陷：现象及其内在机制推测 [J]. 中南财经政法大学学报，2009（1）：3–8，142.

[72] 百度百科 . 江苏 [EB/OL]. [2012a-12-01]. http://baike.baidu.com/view/4141.htm.

[73] 百度百科 . 重庆 [EB/OL]. [2012b-12-01]. http://baike.baidu.com/view/2833.htm.

[74] 包群，彭水军 . 经济增长与环境污染：基于面板数据的联立方程估计 [J]. 世界经济，2006（11）：48–58.

[75] 蔡碧良 . 我国省际劳动就业及其影响因素的空间计量分析 [D]. 长沙：湖南大学，2009.

[76] 曹玲，宋连春，董安祥，等 . 河西走廊绿洲春季土壤湿度与气候变化的初步研究 [C]// 中国气象学会 2005 年年会论文集 . 苏州，2005：1271–1277.

[77] 曹文娟 . 统计模型在火灾统计中的应用 [J]. 武警学院学报，2006（2）：23–25.

[78] 陈俊 . 企业消防安全投入和经济效益浅析 [D]. 杭州：浙江大学，2007.

[79] 陈琨，舒慧慧 . 市场经济体制下火灾隐患的经济学分析及对策 [J]. 武警学院学报，2006（1）：22–24.

[80] 陈青云，陈正洪 . 武汉市火灾气候特征分析 [J]. 湖北气象，1997（1）：26–27，30.

[81] 陈帅，安翠 . 火灾指标与社会经济因素的相关性分析 [J]. 科技信息，2009（33）：931–932.

[82] 陈伟华 . 我国城乡居民收入差距影响因素的空间计量分析 [D]. 长沙：湖南大学，2008.

[83] 陈迎春，经建生，田亮，等 . 热不稳定物质火灾危险性鉴定系统的研究 [J]. 消防科学与技术，2005（1）：5–8.

[84] 陈子锦，王福亮，陆守香，等 . 我国火灾统计数据的聚类分析 [J]. 中国工程科学，2007（1）：86–88，94.

[85] 崔锷，许学雷，孙立勇 . 城市火灾与气象因素的相关性分析研究 [J]. 火灾科学，1995（2）：61–64.

[86] 崔蔚，杨立中 . 地区社会经济因素对火灾发生的影响 [J]. 消防科学与技术，2006（5）：690–693.

[87] 邸曼，张明 . 电气火灾成因分析 [J]. 电气工程应用，2006（4）：3–12，44.

[88] 丁一汇，任国玉，石广玉，等 . 气候变化国家评估报告（Ⅰ）：中国气候变化的历史和未来趋势 [J]. 气候变化研究进展，2006（1）：3-8，50.
[89] 范平安 . 谈火灾的经济属性 [J]. 消防科学与技术，2008（12）：925-927.
[90] 冯艳萍 . 经济与火灾 [J]. 消防技术与产品信息，2009（6）：74-75.
[91] 高铁梅 . 计量经济分析方法与建模 [M]. 北京：清华大学出版社，2009.
[92] 公安部消防局 . 消防灭火救援 [M]. 北京：中国人民公安大学出版社，2003.
[93] 宫鹏 . 全球变化研究评论 . 第 I 辑 [M]. 北京：高等教育出版社，2010.
[94] 寒星 . 中国火灾统计的建立与发展 [J]. 上海消防，1999（6）：10-12.
[95] 胡敏涛，杨豪，杨烨，等 . 城市火灾的马尔可夫链预测方法 [J]. 工业安全与环保，2009（10）：35-37.
[96] 黄韬，柳国忠 . 城市火灾起数与气象因素的自回归模型研究 [J]. 中国安全生产科学技术，2008（3）：164-166.
[97] 黄中艳 . 1961—2007 年云南干季干湿气候变化研究 [J]. 气候变化研究进展，2010（2）：113-118.
[98] 贾水库，温晓虎，蒋仲安，等 . 灰色系统理论在城市火灾事故预测中的应用 [J]. 中国安全生产科学技术，2008（6）：106-109.
[99] 靳英华，廉士欢，周道玮，等 . 全球气候变化下的半干旱区相对湿度变化研究 [J]. 东北师大学报（自然科学版），2009（4）：134-138.
[100] 康嫦娥 . 城市火灾的气象条件分析及火险预报 [J]. 气象，1993（7）：47-51.
[101] 李海江 . 2000—2008 年全国重特大火灾统计分析 [J]. 中国公共安全（学术版），2010（1）：64-69.
[102] 李丽琴 . 云南省森林火灾发生与气象因子之间的关系研究 [D]. 北京：北京林业大学，2010.
[103] 李树，吕昭河，陈瑛，等 . 浅析经济发展与火灾的关系 [J]. 消防科学与技术，2005（4）：480-482.
[104] 李蔚 . 针对火灾统计数据的二元线性回归分析 [J]. 黑龙江科技信息，2010（24）：54.
[105] 李秀红 . 我国火灾发生与经济发展长期关系的研究：基于协整理论的分析 [J]. 吉林省经济管理干部学院学报，2009（2）：28-31.
[106] 李苡茹，刘兴康 . 河池地区城乡火灾与气象条件的关系 [J]. 广西气象，1990（4）：50-52.
[107] 梁炜，任保平 . 中国经济发展阶段的评价及现阶段的特征分析 [R]. 数量经济技术经济研究，2009.
[108] 廖曙江，刘方，翁庙成 . 系统聚类方法在城市火灾形势分析中的应用 [J]. 消防科学与技术，2006（5）：688-690.
[109] 刘秉镰，武鹏，刘玉海 . 交通基础设施与中国全要素生产率增长：基于省域数据的空间面板计量分析 [J]. 中国工业经济，2010（3）：54-64.
[110] 刘娜微 . 最严重森林火灾炙烤澳大利亚 [N/OL]. 中国绿色时报，2009-02-16（1）.[2012-12-01].http://www.forestry.gov.cn/portal/main/s/ 72/content-202299.html.
[111] 刘艳军 . 基于 GM 模型的城市火灾危险性分析 [J]. 中国安全生产科学技术，2006

（6）：31-34.

[112] 刘元春 . 气候变化对我国森林火灾时空分布格局的影响 [D]. 哈尔滨：东北林业大学，2007.

[113] 马树才，李国柱 . 中国经济增长与环境污染关系的 Kuznets 曲线 [J]. 统计研究，2006（8）：37-40.

[114] 聂玉藻 . 林火时空分析方法与风险模型研建 [D]. 北京：北京林业大学，2005.

[115] 彭青松，杜文锋，刘东海 . 浅析我国火灾与社会经济因素的关系 [J]. 消防技术与产品信息，2006（4）：37-41.

[116] 钱妙芬，杜远林，牟克林 . 成都市火灾发生的气象原因相关分析 [J]. 成都信息工程学院学报，2003（1）：44-48.

[117] 宋佰谦，姚华 . 关于经济行为惯性的初步理论分析和若干经济行为惯性的估计 [J]. 广西社会科学，1997（6）：46-50.

[118] 苏方林 . 中国 R&D 与经济增长的空间统计分析 [D]. 上海：华东师范大学，2005.

[119] 孙莹莹 . 气候条件对城市火灾的影响规律 [J]. 武警学院学报，2010（10）：18-22.

[120] 郜锋 . 城市火灾危险性的灰色评估 [J]. 消防科学与技术，2009（4）：220-225.

[121] 唐毅 . 气象条件与呼市火灾的分析 [J]. 内蒙古气象，1994（1）：15-17.

[122] 王健 . 产业结构变迁对区域经济增长的影响分析 [D]. 合肥：合肥工业大学，2010.

[123] 王静虹，谢曙，孙金华 . 城市火灾自组织临界性判断及大火灾损失极值分析 [J]. 科学通报，2010（22）：2241-2246.

[124] 王明玉 . 气候变化背景下中国林火响应特征及趋势 [D]. 北京：中国林业科学研究院，2009.

[125] 王绍武，罗勇，唐国利，等 . 近 10 年全球变暖停滞了吗 ?[J]. 气候变化研究进展，2010（2）：95-99.

[126] 吴晃 . 中国区域经济增长集聚的空间计量分析 [D]. 兰州：兰州商学院，2010.

[127] 吴卢荣，马咏真，陈绩馨，等 . 中国火灾与社会经济因素的相关分析 [J]. 中国安全科学学报，2007（6）：92-97，181.

[128] 吴松荣 . 1997—2004 年中国区域经济与火灾态势的关系分析 [J]. 火灾科学，2006（4）：224-231.

[129] 吴玉鸣 . 空间计量经济模型在省域研发与创新中的应用研究 [J]. 数量经济技术经济研究，2006（5）：74-85，130.

[130] 吴玉鸣 . 中国省域经济增长趋同的空间计量经济分析 [J]. 数量经济技术经济研究，2006（12）：101-108.

[131] 伍光和 . 自然地理学 [M]. 3 版 . 北京：高等教育出版社，2000.

[132] 伍伟 . 中国城市公共消防设施投资效益评价研究 [D]. 武汉：武汉理工大学，2011.

[133] 项大成 . 省级地方政府财政支出与国内生产总值关系的空间计量分析 [D]. 天津：天津财经大学，2009.

[134] 邢淑芬，俞国良 . 社会比较：对比效应还是同化效应 ?[J]. 心理科学进展，2006（6）：944-949.

[135] 徐志斌 . 时间序列方法在城市火灾分析预测中的应用 [J]. 消防技术与产品信息，

2008（2）：33-35.

[136] 许吟隆，黄晓莹，张勇，等 . 中国 21 世纪气候变化情景的统计分析 [J]. 气候变化研究进展，2005（2）：80-83，97.

[137] 颜向农，肖国清，李思慧 . 火灾与社会经济因素灰色关联分析 [J]. 湘潭师范学院学报（自然科学版），2007（4）：17-20.

[138] 杨光 . 气候变化对中国北方针叶林森林火灾的影响 [D]. 哈尔滨：东北林业大学，2010.

[139] 杨立中，陈恒，崔蔚，等 . 气象因素对江苏区域城市火灾发生的影响 [J]. 中国安全科学学报，2005（4）：3-5，113.

[140] 杨立中，江大白 . 中国火灾与社会经济因素的关系 [J]. 中国工程科学，2003（2）：62-67.

[141] 杨巧红，王声湧，马绍斌 . 火灾伤害与社会经济因素相关分析 [J]. 中国公共卫生，2006（7）：829-830.

[142] 杨友才 . 包含产权制度溢出性的经济增长空间面板模型的实证研究 [J]. 经济科学，2010（4）：27-37.

[143] 杨玉胜，吴立志，罗英茹 . 火灾发生率与社会经济因素的灰色关联度分析 [J]. 消防科学与技术，2006（4）：543-544，551.

[144] 尹承美，黎明，张训途，等 . 济南市火灾及其与气象环境的关系分析 [J]. 山东气象，2005（2）：33-34.

[145] 臧文茜 . 俄罗斯森林火灾警示录 [N/OL]. 第一财经日报，2010-09-15（1）.[2012-12-01]. http://www.yicai.com/news/2010/09/410222.html.

[146] 张才 . 2010 年全国火灾情况分析 [J]. 安全，2011（2）：46-49.

[147] 张书余，乔锐平，陈道红 . 气象与城市火灾及预报方法研究 [J]. 气象，1999（10）：48-52.

[148] 张文辉 . 转型期城市区域重大火灾风险认知、评估和防范的宏观研究 [D]. 上海：同济大学，2007.

[149] 张晓欢 . 资源丰裕度与经济增长的关系研究 [D]. 长春：吉林大学，2011.

[150] 张晓彤 . 计量经济分析 [M]. 北京：经济科学出版社，2000.

[151] 张秀华 . 劳动力流动对我国地区差距影响的空间计量经济分析 [D]. 厦门：厦门大学，2007.

[152] 张艳平 . 黑龙江大兴安岭地区气候变化对森林火灾影响的研究 [D]. 哈尔滨：东北林业大学，2008.

[153] 张征宇，朱平芳 . 空间动态面板模型拟极大似然估计的渐进效率改进 [J]. 数量经济技术经济研究，2009（5）：145-157.

[154] 赵峰 . 空间计量理论在中国区域经济趋同测度中的应用 [D]. 长春：东北财经大学，2010.

[155] 赵凤君 . 气候变化对内蒙古大兴安岭林区森林火灾的影响研究 [D]. 北京：中国林业科学研究院，2007.

[156] 郑红阳 . 受气象因子驱动的火灾系统标度性研究 [D]. 合肥：中国科学技术大学，

2010.
[157] 郑双忠，邓云峰，蒋清华 . 基于火灾统计灾情数据的城市火灾风险分析 [J]. 中国安全生产科学技术，2005（3）：15-18.
[158] 中华人民共和国国家质量监督检验检疫总局，中国国家标准化管理委员会 . 城市火险气象等级：GB/T 20487—2006[S]. 2006.
[159] 钟茂初，潘丽青 . 京津冀生态—经济合作机制与环京津贫困带问题研究 [J]. 林业经济，2007（10）：44-47.
[160] 朱艳 . 经济因素对火灾的影响 [D]. 重庆：重庆大学，2005.